U0059454

大都會文化
METROPOLITAN CULTURE

把健康吃進肚子

40 道輕食料理easy做

序

女人，當然要愛自己，照顧好自己的健康與美麗。但是，身為母親、妻子、女兒，除了關注自身的健康、美麗外，更是替家人健康把關的重要人物，希望自己的家人能夠擁有健康的身體。

吃，要怎麼吃的健康，是一門學問。因為每種吃下肚的食物，皆含有各類不同的營養素。因此，要了解吃下什麼東西之前，就要先瞭解六大營養素，包括蛋白質、脂質、澱粉、維生素、礦物質、微量元素。

這些營養素都是可以被人體吸收利用的成分，如果對營養素有了初步的概念，知道這些重要營養素的性質，以及在身體中的作用和功能，就可以針對各年齡層、健康的需求來做加強攝取，如何增強免疫力，讓精神與體力都更好。

以「簡易」、「容易實行」為設計方向的輕食料理，分別運用四季的當季蔬果，來作為主要食材。因為健康的飲食，不是要吃的多、吃的好，而是要吃的恰到好處。輕食的概念，就是在烹調當中盡量減少油用量，使用不沾鍋器具，或以生食、清炒、川燙、涼拌等方式，讓營養素增加完整攝取的機會，減少油脂攝取，讓每道料理呈現出自然、養生、健康的特色。

選擇當季生產的蔬果，不但是符合節令長出來的
蔬果作物，美味又新鮮，而且若又是選擇當地生
產的當季蔬果，更是可以達到愛地球的環保目
的。因為，選擇當地當季生產的蔬果，可以大量
減少運輸、低溫儲存、包裝等過程中所產生的二
氧化碳，降低不必要的能源耗費。而且蔬果的抗
氧化成分高，可是進行體內環保的好幫手，讓
「減炭」的環保意識以及健康都兼顧。

所以，要吃得健康、吃得安全、吃得營養、吃得
環保，一點都不難，只要從翻開第一頁開始，你
就會知道該怎麼做了。

CONTENTS
| 目 錄 |

營養素
NUTRITION

人體就像一部機器，要維持正常的運作，靠的就是能量補給。生理運作所需的能量來源，可略分為六大營養素，包含蛋白質、脂質、醣類、膳食纖維、維生素、礦物質。不同的營養素有不同的性質和功用，缺一不可，因為就是彼此互相的作用和關聯，才能讓人體這部機器運行順暢。

蛋白質

蛋白質是由胺基酸分子所組成，主要元素是碳、氫、氧、氮。不同的胺基酸依照不同的方式鏈結，組合成不同的蛋白質。

雖然人體是由蛋白質所構成，但有些氨基酸是不能由人體自行合成，或是因為含量不足而必須由食物中攝取，這種氨基酸被稱之為必需胺基酸。兒童所需的必需胺基酸包括：組胺酸、異白胺酸、白胺酸、離胺酸、甲硫胺酸、苯丙胺酸、色胺酸、羥丁胺酸、纈胺酸共9種；成人所需的必需胺基酸則包括：異白胺酸、白胺酸、離胺酸、甲硫胺酸、苯丙胺酸、色胺酸、羥丁胺酸、纈胺酸共8種。相對的，若是可以由人體自行合成的胺基酸，則是稱為非必需胺基酸。

而蛋白質又可依照所含的必需胺基酸的豐富度，分成：完全蛋白質、部分完全蛋白質、不完全蛋白質。完全蛋白質是指含有的必須胺基酸成分種類齊全且含量充足，與人體所需相當相似；部分完全蛋白質是指雖然含有必需胺基酸，但是缺乏其中某一些必須胺基酸；不完全蛋白質則是所含的必須胺基酸種類不完全，或是含量非常少。

蛋白質是構成人體細胞和組織的主要物質，包括肌肉、骨骼、器官、血液等等，所以也是各系統器官生長、修補和功能運作時的重要來源。平均來說，蛋白質約佔人體重量的16.3%，若是正處於成長發育的階段、懷孕時期、開刀或受傷後的療養，都需要更多的蛋白質來幫忙。

蛋白質也是人體內新陳代謝的重要物質，參與各項生理機能的調節和推動，包括酵素的生成，免疫抗體的運作，以及體液的平衡等等。而且，許多類型

的脂質、維生素、礦物質都需要蛋白質,來幫忙攜帶這些營養素運轉到身體所需之處。

蛋白質在人體內的消化率高達92%,每1公克蛋白質可提供4大卡的熱量。當人體攝取的醣類和脂質供給熱量不足時,蛋白質分解的胺基酸就會轉換成葡萄糖和脂肪酸,成為人體的另一項能量來源。

因此,蛋白質可依據功能分成貯存蛋白質、結構蛋白質,以及功能蛋白質(包括:酵素、調節蛋白、運動蛋白、運輸蛋白、防禦蛋白等)。

不過也因為蛋白質很重要,所以若是攝取不足的話,就會使身體各項生理功能失調,也會造成免疫功能降低、生長遲滯、肌膚鬆弛等影響。

常見食物來源:

蛋、奶、肉、魚、豆類

攝取建議:

■ 成長中的青少年、懷孕或哺乳的婦女、病人、營養不良的人、運動員,需比一般人加強攝取蛋白質。

■ 有消化代謝問題的人,像是腎臟病患、肝病患者,在攝取蛋白質前,須先經由醫師或營養師的評估和指導。

■ 銀髮族攝取蛋白質時,因考量膽固醇和油脂的含量,攝取時以大豆蛋白質最佳。

脂質

一般人想到脂質，就想到油膩膩的肥油，認為是不好的物質。但脂質的基本單位是脂肪酸，而人體因為無法自行合成，必須經由飲食中的脂質攝取必須脂肪酸。

飲食中的脂質可依照來源分為可見脂質與不可見脂質。可見脂質就是在食物中明顯可見的油脂，譬如說：培根、橄欖油之類的，而不可見脂質則是無法從食物外觀直接可見，譬如說：腰果、花生、豆類等等，像是被認為是健康營養補給品的卵磷脂就是從大豆脂質中萃取而出。

脂肪酸是直鏈偶數碳所組成的碳氫化合物，並且可依照組合分為：飽和脂肪酸、單元不飽和脂肪酸、多元不飽和脂肪酸。

飽和脂肪酸的構造組合為碳與碳的單鍵結合，主要存在於動物性油脂中，包含牛油、豬油等等。

單元不飽和脂肪酸的構造組合則是僅有一個碳雙鍵，最常見的為油酸，像是常聽到的次亞麻油酸

（Omega-3）、亞麻油酸（Omega-6）就是屬於此類，主要存在於植物性油脂中，包含芥花油、橄欖油。

多元不飽和脂肪酸的構造組合則有兩個或兩個以上的碳雙鍵，亦主要存在於植物性脂質中，包含黃豆油、玉米油。

脂質可以提供人體活動所需的熱量來源，每1公克的脂質在氧化後，能產生9大卡熱量。並能幫助吸收或運送脂溶性的維生素，譬如維生素A、D、E、K，以及參與合成、代謝固醇激素。

脂質也是人體細胞外圍的細胞膜的主要成分，可以調節細胞膜的通透性。對於大腦細胞來說，脂

質不但可以促進腦細胞的發育，由脂質構成的腦細胞膜與與腦細胞活動的關係更是密切。所以脂質對於兒童的學習力、青少年的記憶力、老年人的老年癡呆症等，這些與腦細胞的活動都有幫助。

儲存在體內的脂肪，可以支持、固定、保護及阻隔各器官，減少體內器官受到因為撞擊、震盪而造成的傷害。而儲存在皮下的脂肪，則可防止體溫散失過多，並能保持體溫。

人類攝取脂質後，主要是由血液載運到肝臟中消化、吸收及轉化。若是脂肪的攝取過多，或是因為酒精使肝細胞膜的流動性變差，造成肝臟的正常功能下降，脂肪在肝臟中的代謝作用就會受到影響。當脂質的代謝異常，即無法順利合成脂蛋白，而使脂質淤積在肝臟中，造成脂肪肝的現象。

我們常聽到的膽固醇，也是脂質在體內的一種。不過，膽固醇不完全是妨害健康的壞東西。膽固醇為肝臟代謝脂肪時的合成物質，是構成膽汁酸、腎上腺荷爾蒙、性荷爾蒙等的原料。膽汁酸的作用，在食物進入人體後，能夠乳化脂肪，讓食物變得容易分解。

常見食物來源：

豬油、牛油、雞油、魚油、奶油、培根、肥肉、大豆油、花生油、菜籽油、葵花子油、橄欖油、玉米油、人造奶油、牛奶、乳酪、蛋黃、黃豆、花生、腰果、核桃、栗子、杏仁、芝麻

攝取建議：

■ 脂質的攝取需適量，若飲食中的攝取比例過高，超過人體所需熱量，極可能導致體重增加、肥胖，並因此提升心血管疾病、糖尿病、脂肪肝等慢性疾病的罹患機率。

■ 進行減重的人不能完全斷絕脂質的攝取，因為人體將缺乏必須脂肪酸和脂質維生素，長期以來會造成生長遲緩、生育能力降低、皮膚乾糙、乾眼症等問題。

醣類

醣類就是俗稱為碳水化合物，由炭、氫、氧這三種分子所組成，大部分都是來自於澱粉類食物。

依照組成的構造，醣類可以簡單分為單醣、雙醣和聚合醣類。單醣類的構造就是簡單的六炭糖，包含葡萄糖、果糖、半乳糖，果糖和半乳糖最後會轉成葡萄糖；雙醣類則是由兩個單醣結合，包含蔗糖、麥芽糖、乳糖；聚合醣類需要經過消化後分解成葡萄糖才能被吸收，又可分為寡醣類（包括棉籽糖、水蘇糖、果寡糖、乳寡糖），和多醣類（包含澱粉、肝醣）。

醣類的來源，主要可分為幾大類。像是米、麵粉、番薯、馬鈴薯、玉米等等的五穀根莖類，是多醣類中澱粉的主要來源。蔬菜和水果中除了纖維質外，也是單醣中果糖、葡萄糖和雙醣中蔗糖的來源。牛奶或包含起司、優格等奶類製品，則是雙醣中乳糖的主要來源。動物肝臟，則是多醣中肝醣的主要來源。

在消化道內轉化成葡萄糖的醣類，隨著血液輸送到身體各部分，然後在細胞內經由氧化作用轉化成供應身體一切活動所需的能源。醣類每1公克醣類可以供應4大卡熱量，是體內熱量的主要來源，需佔一日攝取總熱量的百分之五十至六十以上。因為人體不論是走路、睡覺、思考、講話，任何細胞都需要能量來啟動運作。

如果攝取足夠，被氧化消耗後剩餘的葡萄糖，有大部份會被轉變為肝醣，存在肝臟及肌肉中。肝臟中的肝醣可以協助穩定血糖，就是當血糖濃度降低而感到飢餓時，肝臟就會分解肝醣成葡萄糖至血液中，使血糖維持在一定的濃度。而肌肉中的肝醣是提供肌肉活動使用，增加肌肉的強度和耐力。最後剩餘的醣類，則會變成脂肪儲存。

但相反的，若是攝取的醣類不足時，身體就會轉用蛋白質來作為能量的來源。但是，蛋白質的主要功能是作為促進生長發育、修補組織。所以攝取充足的醣類，就可以減少蛋白質的消耗，讓蛋白質利用在更重要的作用上。

另外，當身體所需的醣類不足時，也會轉由燃燒脂肪來產生能量。但是在脂肪氧化的過程中，

卻又需要足量的醣類參與。否則脂肪的氧化不完全，會產生過多的酮體，而導致代謝性酸中毒，造成噁吐、昏迷甚至腎衰竭等症狀。

有研究報告顯示，若是血檢報告顯示有醣類代謝異常，或血糖數值偏高的人，罹患糖尿病的機率會比一般人高出許多。尤其是糖尿病病患家屬，或是有肥胖、高血壓、血脂異常等新陳代謝症候群的民眾，以及懷孕期間發生過妊娠糖尿病者，更是需要特別注意的。但也有其他報告指出，這類患者只要透過運動以及飲食、生活習慣的控制，即能降低糖尿病的發生率。

常見食物來源：

麥類製品、米類製品、雜糧類、豆類、菱角、馬鈴薯、蕃薯、山藥、芋頭、荸薺、南瓜、蓮藕、蓮子、栗子、玉米

攝取建議：

■ 醣類的攝取盡量以澱粉類為主，精製醣類的食品如年糕、蛋糕等則少攝取。

■ 過多的醣類攝取，會在體內轉為脂肪，造成肥胖。

■ 肝炎患者需注意醣類攝取，因為肝臟中的肝糖對肝細胞有保護及促進再生的作用。

■ 因減重而斷絕攝取醣類食物的人，會讓體內無法獲得足夠的熱量，而減低活力和注意力。若要進行體重控制，仍需攝取醣類食品，以協助燃燒脂肪。

■ 糖尿病患者須注意醣類攝取，若是攝取過多會影響血糖的控制。

膳食纖維

膳食纖維其實是屬於醣類的一種，即屬於聚合醣類。來自於天然的植物，是維持植物細胞壁的主要成份，存在於植物細胞壁與細胞間質。所以不論是植物的根、莖、葉、花、果實、種子，都有膳食纖維的存在。

膳食纖維依照特質可分為兩大類：水溶性膳食纖維和不溶性膳食纖維。水溶性膳食纖維包括果膠、植物膠、半纖維素類；不溶性膳食纖維則包括纖維素、半纖維素、類木質素。

只是膳食纖維的化學結構和其他醣類不同，所以人體消化酶無法分解，因此不但不會被消化吸收，更不會產生熱量。但這並不代表膳食纖維對身體沒有用處，尤其是對於消化道來說，每天只要攝取約20~35公克的膳食纖維，就可以刺激刺激腸道蠕動，使排便順暢，預防一些消化道疾病，像是便秘、痔瘡、憩室炎等等。

因為在腸道內的糞便中混合了無數的壞菌，增加腸道蠕動，減緩糞便停留的時間，自然也就減少毒素累積在身體內的時間。而且，若是當糞便在腸道內的時間越長，水分會被吸收越多，讓糞便變得乾硬，就會增加排便的不順。

除此之外，依照水溶性和不溶性的分別，膳食纖維對人體也各有影響。

根據研究顯示，水溶性膳食纖維可以吸著膽酸，增加膽鹽的排泄，有效降低血膽固醇、血脂，有益於心臟病的預防和治療。這是因為，肝臟內膽固醇製成的膽鹽，是負責人體的脂肪代謝，但是在小腸裡會約有百分之八十五的膽鹽被回收至肝臟。若這些膽鹽被纖維所吸附，就會使脂肪的消化吸收變差，也讓膽鹽無法回收。於是肝臟內的膽固醇必須再製造膽鹽，而使肝臟和血液中的脂肪減少。

此外，水溶性膳食纖維還可以改善消化機能，促進腸內有益菌叢的繁殖，抑制有害菌叢的滋生，及減少大腸菌生長的機會，因此可以達到健胃整腸的功效。

而不溶性膳食纖維可以增加胃內食物的粘稠性，增加飽足感。並減緩消化作用，降低葡萄糖與膽固醇等營養素的吸收速率，達到控制血糖的目的。

另有研究人員認為，不溶性纖維素可以幫助抗癌，因為這些無法消化的纖維加快了食物通過小腸的速度，而減少小腸內膜和食物中致癌物的接觸機會。

還有，粗糙有吸水力的粗纖維，就像腸道的掃把，把腸壁上一些附著物清除。而且因為具有吸附力，可以吸附銅、鎘、鋅、鈾等重金屬，並排出體外，減少體內重金屬的積蓄，確保人體生理機能的正常運作。

常見食物來源：

全麥製品、堅果類、穀類、雜糧類、豆類、水果類、蔬菜類、海藻類、木耳、愛玉、仙草

攝取建議：

- 對於進行體重管理的人來說，膳食纖維可以增加飽足感，且無熱量。
- 如果有便秘或痔瘡等消化道障礙的人，可以多攝取膳食纖維。

維生素

維生素 A

維生素A屬於脂溶性維生素，來源可分為植物性和動物性。植物性來源以β-胡蘿蔔素的形式存在，黃綠色蔬菜中含量豐富的β-胡蘿蔔素，就是體內合成維生素A的來源。而動物性來源則是以視網醇及視網醛的形式存在。攝入時必須與脂肪一起作用才能夠被消化吸收，不過儲存在體內時不容易流失。

維生素A又稱為樹脂醇，可以促進生長發育及組織分化，保護身體各組織、器官、皮膚，以及鼻腔、喉腔、肺部的黏膜。

而最為人所熟知的，就是維生素A可以維持人體視覺功能的正常。這是因為維生素A能夠保護眼睛內的細胞，增強視力，使眼睛適應光線變化，協助結膜炎等眼睛疾病的治療。如果身體長期缺乏維生素A，將會使視力減退、淚液分泌不足，或易造成夜盲症、乾眼症，嚴重者甚至會導致失明。

維生素A已被證實具有抗氧化能力，有助降低有害之膽固醇含量，且近年的研究結果一再顯示，若攝取高量新鮮蔬菜水果的人，可以顯著降低罹患癌症的機率。這也代表著，維生素A在加強免疫能力，預防慢性疾病上也相當重要。

常見食物來源：
動物肝臟、魚、小魚乾、魚肝油、牛油、牛奶、起士、蛋、黃綠色蔬菜、番茄、甘薯、花椰菜、蘿蔔、蘆筍、南瓜、西瓜、甜瓜、芒果

攝取建議：
- 學生或上班族，因為長期注視書本或電腦螢幕，眼睛容易感到疲勞乾澀，就需要加強補充。
- 懷孕、哺乳期婦女可加強補充，因為維生素A可以維護生殖系統和促進胚胎發育。
- 偏食的兒童常是缺乏維生素A的主要族群，會影響生長發育，需要多加注意。

維生素 C

維生素C屬於水溶性維生素的一種，人體無法自行合成，需藉由食物消化吸收後來攝取。不過因為屬於水溶性，因此停留在體內的時間並不長，約3至4小時就會隨尿液排出，所以需要隨時補充。

它又稱為抗壞血酸。這是因為維生素C是很強的抗氧化劑，可以保護人體DNA，消除體內的自由基。並協助合成賀爾蒙，抗衰老，因為若是體內賀爾蒙的分泌不正常，則會增加細胞組織衰老的速度。

維生素C可以促進膠原蛋白的形成和維護。而膠原蛋白和全身細胞、結締組織的成長、維持與修復，有相當密切的關係。若是體內維生素C的含量足以使膠原蛋白正常，便可加速傷口的癒合，維持血管、黏膜及皮膚等細胞間的結合，保持皮膚的光澤。甚至能強化皮膚抵抗紫外線的傷害，阻止黑色素產生。反之，則會使傷口的復原緩慢，讓皮膚顯得乾糙，或是容易產生淤青，使牙齦出血。

它還可以促進白血球的機能，強化免疫能力，減輕過敏的症狀，對於預防感冒也有很好的效果。所以當身體受到感染或是有炎症發生時，維生素C的需求即會增加。

常見食物來源：
綠色蔬菜、柑橘類、漿果類、椒類、綠茶、芭樂、木瓜、蕃茄、蕃薯、馬鈴薯、奇異果、葡萄柚、哈蜜瓜、高麗菜、包心菜、玉米

攝取建議：

■ 香菸和酒精會破壞維生素C，因此抽菸和酗酒的人體內維生素C含量會偏低，需多補充。

■ 維生素C可強化免疫力，經常感冒或已經感冒的人可加強攝取。

■ 懷孕及哺乳期婦女因為需多攝取鐵質，而維生素C可增加腸道對鐵的吸收，可多補充。

■ 手術前後、燒燙傷的患者，可多攝取維生素C，可以促進傷口癒合、復原及增加對受傷及感染等壓力的抵禦能力。

維生素 D

維生素D屬於脂溶性維生素，不容易被氧化或是受到高溫而影響。一般人透過曬太陽，讓皮膚內的固醇受到刺激進行光化學反應，可產生維生素D。也可以透過食物攝取，即在腸道內藉由膽汁和脂肪來吸收。

維生素D亦稱為鈣化醇。這是因為它是一種激素的前趨物，與血液中血鈣的代謝有關，即是在腎臟、小腸和骨骼作用，以幫助人體控制鈣在血液與骨頭間流進流出。因而能夠協助鈣和磷的吸收，促進牙齒的發育和骨骼的正常生長，預防佝僂病、軟骨症、骨質疏鬆症及齲齒。

根據最近的研究顯示，維生素D在人體內相當活躍，還能夠啟動人體內部的酸氨酸，攻擊細菌、真菌及病毒，並且提升免疫力和細胞防禦作用，預防常見的傷風感冒及流行性感冒。若是與維生素A、維生素C同時服用，預防效果更佳。甚至現在有大量的證據顯示，維生素D有極強的抗癌作用。

常見食物來源：

動物肝臟、雞蛋、全脂牛奶、奶油、乳製品、小魚乾、魚肝油、鮪魚、沙丁魚、鯖魚、鮭魚、鮪魚、鰻魚、鱒魚、乾燥香菇

攝取建議：

- 素食者因無攝取肉類，可用奶類和菇類補充。
- 發育中的兒童或青少年須多加強補充，使骨骼正常發育。
- 年長者，尤其是更年期後的婦女可多攝取，能有效預防骨質疏鬆症，並加強神經肌肉功能。
- 懷孕、哺乳的婦女可多攝取，因為維生素D可加強鈣和磷的吸收與利用，幫助嬰兒的牙齒、骨骼的發育。

維生素 E

維生素E屬於脂溶性維生素，是一種被人所熟知的抗氧化劑，即使在高溫下或烹調時也不會影響它的穩定性，除了油炸以外。不過，若是與空氣接觸，就會產生酸化現象；遇紫外線則是會分解。

也因為具有抗氧化作用，所以能夠保護多重不飽和脂肪酸、脂肪油溶性物質的氧化。

維生素E普遍存於細胞與膜組織裡，而且因為細胞膜是由磷脂質構成，所以脂溶性的維生素E可以維持細胞膜的完整性。

當體內產生自由基時，會傷害細胞或組織。維生素E可以協助清除體內這些游離的自由基，防止細胞受損，延緩老化，以及減緩癌細胞生成。還能夠預防膽固醇在血管中的囤積，降低心血管疾病和中風的可能。

維生素E亦被稱為生育醇，這是因為它可以維持正常生殖機能。對女性來說，可以減緩經痛、紓解更年期的不適；對男性來說，能促進精子的活力，提高受孕率，降低攝護腺問題的發生。

常見食物來源：
植物油、全麥穀類、胚芽、蛋黃、綠色蔬菜、堅果類、奶油、魚、大豆

攝取建議：

■ 有心血管疾病、靜脈曲張的人可以加強攝取，促進血液循環。
■ 維生素E可以促進老年人的活力，所以銀髮族可以多補充。
■ 生理期間的女性可以補充，協助舒緩經痛的發生。

維生素 K

維生素K屬於脂溶性維生素，包含維生素K1、維生素K2和維生素K3。維生素K1存在植物綠葉中；維生素K2由腸內的細菌合成；維生素K3則是合成維生素。

維生素K有助於凝血的功能，可以避免傷口長期流血，造成身體大量失血而危及生命。這是因為血液中含有與凝血有關的蛋白質，維生素K能夠活化這些凝血酶原而產生凝血作用。

所以若是缺乏維生素K，將會造成凝血障礙，並容易造成皮下出血。

維生素K對於骨骼的生長也很重要，因為維生素K能幫助身體產生一種稱為成骨素的蛋白質，能有助鎖住鈣質，增加骨質與鈣的結合，增加骨質密度，進而幫助鈣質留在體內，減低骨折骨裂的機會。否則就算攝取在多的鈣質，也無助於骨質疏鬆症的預防。

在肝臟內，維生素K可以輔助葡萄糖轉化為肝糖，並儲存於肝臟，有利於肝功能的正常運轉。

日本科學家們還意外發現，維生素K能夠預防肝癌的發生，這可能是因為維生素K能夠影響細胞生長的緣故。

常見食物來源：
綠色蔬菜、蛋黃、肝、魚肝油、優格、大豆、燕麥、小麥、蕃茄、紅蘿蔔、豌豆

攝取建議：
■ 常流鼻血或是受外傷的人，可以多加攝取。

維生素 B1

維生素B1屬於水溶性的維生素B群，亦被稱為硫胺素。

它可以算是一種輔酵素，會加快體內的生物和化學反應，參與醣類在消化過程中的分解代謝。

如果維生素B1缺乏時，就會讓葡萄糖的代謝受到影響，進而讓熱量的供給出問題。並且會產生焦葡萄糖酸的廢物，即乳酸和丙酮酸。當乳酸和丙酮酸在身體各組織或肌肉中累積，會讓全身肌肉感到無力且酸痛，頭腦也會覺得昏沉沉地不靈活，在情緒上也會感到疲倦、沮喪或煩躁不安。

維生素B1也有保護神經系統的作用，因為對腦內化學物質的合成，和神經組織的訊息傳遞有幫助。過去常聽到的腳氣病，就是因為缺乏維生素B1，所造成的神經系統疾病。

常見食物來源：

動物肝臟、豬肉、雞肉、魚、牛奶、蛋黃、豆類、酵母、全麥穀類、糙米、胚芽米、花生、芝麻

攝取建議：

■ 生理期會經痛的婦女可以加強攝取。

■ 經常喝酒或肝功能不好的人需多補充，因為酒精的攝取即會破壞腸胃道對維他命B1的吸收，而且維生素B1可以促進肝臟的代謝功能。

■ 經常熬夜或抽煙的人，會加速維生素B1的流失，需加強補充。

維生素 B2

維生素B2屬於水溶性的維生素B群，亦被稱為核黃素。可以協助紅血球的形成和抗體的產生，參與脂肪、醣類和蛋白質的分解代謝。與維生素A結合，使皮膚充分得到營養，促進皮膚和毛髮的生長。還與視力有關，可以減輕眼睛疲勞，維持視力正常，預防眼球產生血絲，降低白內障發生。

常見食物來源：
動物肝臟、瘦肉、魚、蛋、乳製品、核果類、綠色蔬菜、穀類、香菇、酵母、木耳、豆類、麥芽

攝取建議：
- 長期進行飲食控制的人因攝食不均，較易產生維生素素B2不足，應加強攝取。
- 若婦女有服用避孕藥，或是在懷孕中、哺乳期，需補充較多的維生素B2。
- 維生素B2具有安定神經的作用，常感到精神緊張、壓力緊繃的人可多加攝取。
- 若有口角炎發生，極可能是因為缺乏維生素B2而造成，因此需加強補充。

維生素 B6

維生素B6屬於水溶性的維生素B群，對人體中的酵素活動很重要，已知有六十種酶需要維生素B6的參與才能產生作用。連維生素B12也必須有維生素B6存在，才能被人體吸收。並且對於紅血球的形成、蛋白質的代謝吸收、抗體的製造、體內鉀鈉離子的平衡，以及神經系統和大腦作用的維護，都有很重要的影響。

常見食物來源：
肉類、動物肝臟、腎臟、蛋黃、魚類、穀類、蔬菜、堅果類、豆類

攝取建議：
- 年長者應該要增加攝取量，尤其是罹患糖尿病或心臟病的慢性病患者。
- 懷孕的婦女可以增加攝取，來減緩孕吐的不適。

維生素 B12

維生素B12屬於水溶性的維生素B群,是很重要的造血維生素,對紅血球的生成很重要。在消化作用上,可幫助蛋白質合成、碳水化合物及脂肪的代謝。對神經組織的健康也很有助益,可以增強注意力、記憶力和平衡感,並消除煩躁不安。

常見食物來源:

動物肝臟、腎臟、肉類、海鮮、蛋、乳製品、海藻類

攝取建議:

■ 生理期間的婦女可多攝取,強化造血機能。
■ 因為維生素B12幾乎不存在於蔬菜當中,所以素食者應加強攝取海藻類食物。如果是施行奶素的人,則可以從奶製品中獲取。

菸鹼酸(維生素 B3)

菸鹼酸屬於水溶性的維生素B群,人體雖可自行合成,但若缺乏維生素B1、B2及B6時,就會無法產生。菸鹼酸可以維持循環作用的正常,促進血液循環,降低血壓。並維護神經系統的健康,使腦機能正常,預防及減輕偏頭痛。並幫助碳水化合物、脂肪代謝,被認為具有降低膽固醇的效用。

常見食物來源:

動物肝臟、腎臟、肉、魚、蛋、牛奶、乳酪、酵母、糙米、全麥食品、芝麻、綠豆、花生

攝取建議:

■ 在食物中的存在相當穩定,即使經過烹調也不會大量流失。
■ 發育中的青少年應加強攝取,因為對身體和腦袋的發育極為重要。

泛酸（維生素 B5）

葉酸屬於水溶性的維生素B群，廣泛存在於許多食物中。參與人體中的許多作用，包括：幫助細胞生成，維持正常發育；製造及更新身體組織，幫助傷口癒合；在脂肪和醣類、蛋白質轉化為能量過程中，不可缺少的物質；維持中樞神經系統的運作，降低疲倦、憂鬱、失眠的問題。

常見食物來源：
動物肝臟、腎臟、蛋、肉類、魚、龍蝦、綠色蔬菜、全麥食品、胚芽米、糙米、玉米、豆類、核果類、酵母、堅果類

攝取建議：
- 加工或過度加熱會破壞食物中的泛酸，所以盡量攝取天然新鮮的食物。
- 工作壓力大而感到煩累的人，應加強攝取來對抗疲勞。
- 容易過敏、常喝酒、抽煙的人須特別注意泛酸的攝取。

葉酸（維生素 B9）

葉酸屬於水溶性的維生素B群，主要在血液、腺體、神經系統、肝臟組織及生殖系統中，參與著人體關於細胞增生、生殖、蛋白質代謝、紅白血球合成等作用。另外，亦有研究顯示，葉酸可以降低大腸癌的罹患率，以及心血管疾病的發生率。

常見食物來源：
蛋黃、肝臟、綠色蔬菜、胡蘿蔔、馬鈴薯、豆類、全麥麵包、花菜、酵母、南瓜

攝取建議：
- 懷孕婦女需加強補充葉酸，因為葉酸對嬰兒的健康相當重要，因為參與DNA 染色體的分裂活動，若缺乏葉酸會影響胚胎及神經的發育。
- 哺乳婦女應多攝取葉酸，因為葉酸可促進乳汁分泌，並使嬰兒的抵抗力增加。
- 因為口服避孕藥會影響葉酸的作用，所以使用的婦女需增加攝取。
- 進行血液透析後的病人應加強補充，因為洗腎的過程也會造成葉酸流失。

生物素（維生素 B7）

生物素屬於水溶性的維生素B群，可由腸內的消化菌合成。在人體中參與多項生化反應，包括脂肪和胺基酸的代謝，以及脂肪和碳水化合物的合成，是人體維持發育及健康的必要營養素。如果攝取不足，還會造成精神不濟、失眠、憂鬱等狀況產生。

常見食物來源：

肝臟、腎臟、雞肉、羊肉、蛋黃、牛奶、堅果、糙米、啤酒酵母、穀類、豆類、魚類

攝取建議：

■ 因為懷孕期間生物素會流失，孕婦需加強攝取。
■ 抽煙會干擾生物素的吸收，所以抽煙的人應加強攝取。
■ 禿頭或落髮多、少年白髮的人可加強攝取，因為生物素可防止落髮及禿頭。

維生素 P

維生素P屬於水溶性維生素，人體無法自行合成，必須從食物中攝取。因為能增加細胞間的粘著力，因此可以減少血管脆性，降低血管通透性。而且和維生素C有協同作用，能增加維生素C的消化、吸收和活性，更快生成膠原細胞，維護結締組織。

常見食物來源：

柑橘類水果、杏、棗、櫻桃、茄子、蕎麥、茶

攝取建議：

■ 更年期的婦女可以同時加強攝取維生素P和維生素D，即能緩解更年期發生的熱潮紅。
■ 刷牙時牙齦常出血的人應攝取充分的芸香素和橙皮素。
■ 易發生瘀傷的人應該攝取含有生物類黃酮、芸香素、橙皮素的複方維生素C。

礦物質

鈣

鈣大部分存於骨骼和牙齒中，亦是這些堅固組織的主要成分。但少部分的鈣也存在於身體各區域，負責強化神經傳導、參與肌肉收縮和血液凝固的過程、保持組織柔軟、激化內分泌。

常見食物來源：
牛奶、蔬菜、黃豆、大骨、小魚乾

攝取建議：
- 青少年發育期間，需充分攝取，以免老年鈣質流失，造成骨質疏鬆症或骨折。
- 攝取維生素D，也會對鈣質的吸收與利用有幫助。

鐵

鐵是人體內合成血紅素的主要原料之一，所以人體若攝取不足或流失過多的鐵質，會容易引起缺鐵性貧血。鐵也是增強抵抗力的要角，因為若缺乏鐵，影響了血液生成，讓血紅素運送養分、氧氣的功能變差，自然就影響人體的防禦。

常見食物來源：
動物肝臟、動物腎臟、雞胗、蛋黃、菠菜、豬血、紅肉、全穀類、乾果類

攝取建議：
- 生理期間以及減重過當的婦女，可多食含鐵高的食物。
- 懷孕婦女的鐵質攝取需加強，若缺乏可能會損及胎兒的腦部發育，影響未來的認知、學習。
- 吃飯時不要飲用茶與咖啡，會影響鐵的吸收。

鋅

鋅是一些酵素反應時不可或缺的元素，影響著蛋白質、脂肪、糖的代謝，更參與著人體中關於生長髮育、細胞分裂、生殖遺傳、免疫、內分泌等等重要的生理過程。因此對於組織或傷口的修復，有很大的幫助。

常見食物來源：

牡蠣、海鮮、蛋、肝臟、豬肉、牛肉、啤酒酵母、乳製品、穀類、種子類、核果類、豆類

鎂

鎂能影響人體的循環系統，同時能防止動脈硬化，使心臟跳動規則。還能讓血管擴張，防止突然收縮，抑制血壓升高，大幅度降低中風的機率和心臟病突發的死亡率。鎂也和蛋白質的合成有關，是製造細胞DNA、RNA的基本物質。

常見食物來源：

瓜果類、綠色蔬菜、豆類、堅果類、乳品、肉類

攝取建議：
- 動物性食品的吸收率會比植物性食品好。
- 孕婦需加強補充，因為缺乏鋅會阻礙胎兒的生長。

攝取建議：
- 鈣、磷或草酸會干擾鎂的吸收。
- 年長者應多攝取，因為鎂的缺乏與與糖尿病、高血壓等慢性病有關。

磷

磷是所有細胞的基本物質，能幫助細胞分裂、增殖及蛋白的合成，是維持生理機能和構造正常的主要元素。磷也是負責神經傳導的物質，能刺激神經和肌肉，讓心臟和肌肉維持正常作用。

常見食物來源：
雞蛋、帶骨海產、肉類、動物內臟、牛奶、豆類、穀類、核果、酵母粉

氟

氟存在於人體的牙齒和骨骼中，也是讓骨骼和牙齒堅固強壯的必需物質。能使牙齒成長健全，促進琺瑯質抗酸腐蝕的抵抗力，預防蛀牙，因此有的國家在自來水中會特意添加。而且氟與鈣之間存在著一定的相關性，還可以預防老年性骨質疏鬆症。

常見食物來源：
魚類、海產、菠菜、肉骨、茶、日常飲用水

攝取建議：
■ 攝取太多的磷會影響鈣質的吸收，而引發低鈣血症。
■ 當腎發生病變時，需控制飲食中的磷含量。

攝取建議：
■ 幼兒和年長者要特別注意氟的攝取。

硒

硒不僅可以提升免疫力，消除自由基，排除體內毒素外，還有很好的防癌效果。還可以與維生素E共同作用，產生抗氧化作用，對預防組織老化有助益。

常見食物來源：

海產、肉類、動物肝臟、牛奶、蛋、米糠、穀類

攝取建議：

- 進入人體後在24小時內即會排出，所以需不停補充。
- 兒童可以加強攝取，以免造成活力不足或生長遲滯。

碘

碘是甲狀腺素的主要成分，而甲狀腺素又是影響內分泌的主要因素。因此，碘不但能讓甲狀腺素的分泌正常，對於生長、發育和新陳代謝的影響也不小。

常見食物來源：

海藻、海產（魚、蝦、蟹、貝）、綠色蔬菜

攝取建議：

- 因為碘會影響蛋白質的合成，因此孕婦和哺乳婦女對於碘的攝取需加強。

春 SPRING

春雷一響，大地復甦。剛渡過冬季的身體，也隨之加速了新陳代謝、營養供給和氣血循環等作用，此時容易致使精神和情緒不穩定的現象激增。對兒童和青少年來說，這個季節則是促進生長發育的最佳時機，所以具有激發功效的食物在此時不宜多吃，溫和「養氣」的蔬果料理才最適合生機蓬勃的春季。

STRAWBERRY

草莓 蜂蜜鬆餅

擁有獨特酚類成分
幫助強心、抗發炎、抗癌

材料：

| 草莓5顆（約100克） |
| 雞蛋2顆（約120克） |
| 鬆餅粉250克 |
| 牛奶100CC |

➕ 調味：

蜂蜜1匙

草莓不只外型甜美，營養素也豐富的令人刮目相看，包括氨基酸、單糖、檸檬酸、蘋果酸、果膠、維生素，以及礦物質鈣、鎂、磷、鐵等。其中高量的維生素C以及胡蘿蔔素，可以抗氧化，降低自由基。尤其草莓還有獨特的酚類成分，能幫助強心、抗發炎、抗癌。

做法：

1. 草莓2顆切細碎丁，3顆切小塊。
2. 取一大碗，放入草莓細碎丁、鬆餅粉、雞蛋、牛奶後，拌勻成麵糊。
3. 將麵糊倒入鬆餅機中，蓋上蓋子至鬆餅烘烤完成。
4. 取出鬆餅，撒上草莓小塊和蜂蜜即可。

CAI 營養分析：

熱量 大卡/100g	水份 g	蛋白質 g	脂肪 g	碳水 化合物g	水溶性 膳食纖維g	不溶性 膳食纖維g	維生素A RE	維生素C mg
197.36	295.63	33.36	20.78	181.01	1.18	7.31	289.10	85.95
提供熱量 百分比		12.78%		17.90%	69.32%			

水蜜桃沙拉

含鐵量居水果中之冠
對人體造血有益，是補氣血的輔助食物

♥ 材料：

葡萄乾30克	
水蜜桃1/2顆（約70克）	
紫高麗20克	
蘋果1/2顆（約75克）	
鳳梨1/4顆（約400克）	
聖女番茄3顆（約45克）	
冰淇淋2球（約200克）	

鮮嫩多汁的桃子含水量高，果質細膩，適合腸胃道消化不良的人食用。而且含磷、鉀、鐵、維生素B1、維生素B2、維生素C、維生素A，尤其含鐵量是居水果中之冠。而鐵是人體造血的主要原料，因此桃子在食用保健上可以補氣血，對患有缺鐵性貧血的人來說，也是理想的輔助食物。

 做法：

1. 水蜜桃、蘋果、鳳梨切小塊，紫高麗切細絲，番茄切對半。
2. 取一大碗，將水蜜桃、蘋果、鳳梨、紫高麗、番茄放入稍微攪拌混合，取適量鋪於盤上。
3. 挖取冰淇淋置於沙拉上，撒上葡萄乾即可。

CAI 營養分析：

熱量 大卡/100g	水份 g	蛋白質 g	脂肪 g	碳水 化合物g	水溶性 膳食纖維g	不溶性 膳食纖維g	維生素A RE	維生素C mg
84.30	668.21	11.07	19.14	133.54	3.70	10.51	398.22	77.34
提供熱量 百分比		5.90%		22.94%	71.17%			

蓮霧炒雞丁

擁有高量粗纖維和水分
有解熱、利尿、寧靜神經的作用

WAX APPLE

❤ 材料：

蓮霧250克
雞胸肉200克
彩椒150克

✚ 調味：

橄欖油1匙
玉米粉1/2匙
白胡椒粉1/4匙
鹽1/2匙

蓮霧沒有其他水果般的高甜度，卻擁有清新的特殊風味。除含有鈣、磷、鐵及維生素C、B1、B2等營養價值，還擁有相當多的粗纖維，可以促進腸道蠕動，解決嗯嗯不順的困擾。而且因為含水量高，在食療上被認為有解熱、利尿、寧靜神經的作用。

★★ 做法：

1. 蓮霧、雞胸肉、彩椒切長條。
2. 起油鍋，放入雞胸肉，翻炒至表面變色。
3. 放入蓮霧、彩椒拌炒，加入白胡椒粉、鹽調味。
4. 最後加入玉米粉水做勾欠，拌炒均勻即可。

CAI 營養分析：

熱量 大卡/100g	水份 g	蛋白質 g	脂肪 g	碳水 化合物g	水溶性 膳食纖維g	不溶性 膳食纖維g	維生素A RE	維生素C mg
79.70	510.78	48.33	17.64	35.83	3.05	6.33	194.52	74.34
提供熱量 百分比		39.03%		32.04%	28.93%			

糖漬李子醋

酸甜的獨特滋味，可增加胃酸分泌和腸胃蠕動
有促進消化、增加食慾的功效

PLUM

外型圓滿的李子，是中國傳統的果品之一，含有豐富的果糖、維生素、果酸、氨基酸、以及鈣、鐵、鋅、硒等營養素。除了營養成分高之外，李子酸酸甜甜的獨特滋味，能促進胃酸和胃消化酶的分泌，增加腸胃蠕動，進而達到促進消化、增加食慾的功效。

❤ 材料：

| 李子500克 |
| 冰糖500克 |
| 有機醋1瓶（約500CC） |

★ 做法：

1. 李子洗淨瀝乾。
2. 取一玻璃罐，放入李子、冰糖，最後倒入醋。
3. 封罐並置於陰涼處約2-3個月即可。

CAI 營養分析：

熱量 大卡/100g	水份 g	蛋白質 g	脂肪 g	碳水 化合物g	水溶性 膳食纖維g	不溶性 膳食纖維g	維生素A RE	維生素C mg
148.20	894.00	2.50	0.50	576.00	2.00	8.00	166.50	20.50
提供熱量 百分比		0.43%		0.19%	99.38%			

奇異果美人魚

含有大量維生素C
是促進免疫系統的感冒剋星

♥ 材料：

鯛魚1片（約300克）

奇異果150克

火龍果100克

番茄150克

✚ 調味：

橄欖油1匙

地瓜粉1/2匙

番茄醬1/2匙

鹽1/2匙

糖1/2匙

水果醋1/2匙

被塑造成感冒剋星的奇異果，因為含有大量的維生素C，所以可以預防感冒。但其實奇異果除了維生素C之外，還含有豐富的維生素、A 、E 、鉀、鎂、纖維素，以及其他水果少見的葉酸、胡蘿蔔素、鈣、黃體素、氨基酸、天然肌醇，能促進免疫系統，達到預防癌症及抑制慢性病的作用。

★★ 做法：

1. 鯛魚切塊，奇異果、火龍果、番茄切小塊。
2. 起油鍋，將鯛魚塊兩面沾粘地瓜粉後，平放至鍋中。
3. 煎至於片兩面變色，放入其他材料，翻炒均勻即可。

CAI 營養分析：

熱量 大卡/100g	水份 g	蛋白質 g	脂肪 g	碳水化合物g	水溶性膳食纖維g	不溶性膳食纖維g	維生素A RE	維生素C mg
113.20	572.14	62.75	40.36	45.27	3.75	7.11	293.49	169.10
提供熱量百分比		31.56%		45.67%	22.77%			

CARROT

明目蔬果汁 | 胡蘿蔔素可轉化為維生素A
是強力的抗氧化劑，避免細胞膜受到傷害

♥ 材料 ：

| 胡蘿蔔1條（約150克） |
| 蘋果1顆（約150克） |
| 檸檬1/6顆（約30克） |
| 水150CC |

➕ 調味 ：

蜂蜜2匙

胡蘿蔔除了含有九種氨基酸和十幾種酶外，還含有蛋白質、脂肪、糖類、維生素及鈣、磷、鐵等營養成分。其中含量最高的，就是胡蘿蔔素。胡蘿蔔素可以在體內轉化為維生素A，同時也是強力的抗氧化劑，可以攫取自由基，避免細胞膜受到傷害。

⭐ 做法 ：

1. 將檸檬榨汁，胡蘿蔔、蘋果去皮切塊。
2. 把所有材料放入果汁機中打成汁，攪拌均勻即可。

🔵CAI 營養分析 ：

熱量 大卡/100g	水份 g	蛋白質 g	脂肪 g	碳水 化合物g	水溶性 膳食纖維g	不溶性 膳食纖維g	維生素A RE	維生素C mg
56.20	298.90	2.08	1.03	67.57	2.34	6.60	14975.70	18.39
提供熱量 百分比		2.90%		3.23%	93.87%			

豌豆炒雙菇

蛋白質豐富，是肉類的最佳替代品
提高身體的抗病能力和康復能力

♥ 材料：

豌豆夾200克
洋菇100克
生香菇100克

✚ 調味：

橄欖油1匙
薑少許
鹽1/2匙

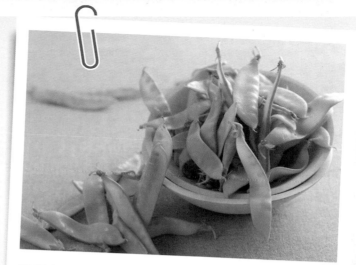

豌豆含有維生素A、維生素C、維生素B1、B2、蛋白質、碳水化合物、脂肪、菸鹼酸，以及鈣、鐵、磷、鈉、銅、鉻等等。而且因含有豐富的蛋白質，可以成為肉類的最佳替代品，提高身體的抗病能力和康復能力。對兒童和青少年來說，可以幫助腦部和骨骼的發育。

做法：

1. 洋菇、香菇切對半，薑切細絲。
2. 起油鍋，把薑放入爆香，放入豌豆夾、洋菇、香菇。
3. 拌炒均勻後，加入鹽調味即可。

CAI 營養分析：

熱量 大卡/100g	水份 g	蛋白質 g	脂肪 g	碳水 化合物g	水溶性 膳食纖維g	不溶性 膳食纖維g	維生素A RE	維生素C mg
142.90	291.90	31.10	23.80	64.30	7.70	22.90	80.34	8.90
提供熱量 百分比		20.88%		35.95%	43.17%			

白果扒絲瓜

富有蛋白質、礦物質、膠質、葉酸等等
是中含營養素成分最高的瓜類

LUFFA

◉ 材料：

| 絲瓜1條（約500克） |
| 白果200克 |
| 紅甜椒100克 |

✚ 調味：

| 橄欖油1匙 |
| 薑少許 |
| 鹽1/2匙 |
| 太白粉1/2匙 |

翠綠甜嫩的絲瓜，一般被認為具有清熱的效果，其實絲瓜不只含有纖維質，還含有蛋白質、礦物質、植物粘液、木糖膠、葉酸、維生素C、B1、B2、B6、菸鹼素、鈣、鎂、磷、鐵、鋅等等營養素。而且絲瓜所含的營養素，還是瓜類中最高的。

⁂ 做法：

1. 絲瓜去皮切長條，紅甜椒切長條，薑切細絲。
2. 起一油鍋，放入薑絲、絲瓜、紅甜椒拌炒均勻。
3. 待絲瓜出水後，倒入太白粉水勾欠，並以鹽調味即可。

CAI 營養分析：

熱量 大卡/100g	水份 g	蛋白質 g	脂肪 g	碳水 化合物g	水溶性 膳食纖維g	不溶性 膳食纖維g	維生素A RE	維生素C mg
109.60	607.53	27.8	20.21	157.15	2.9	5.21	124.00	37.84
提供熱量 百分比		12.20%	19.93%	68.79%				

菠菜炒山藥

含有大量的抗氧化劑
具有促進細胞活絡、增強活力的作用

SPINACH

♥ 材料：

菠菜500克	
山藥250克	
枸杞100克	

大力水手最愛的菠菜，吃了會頭好壯壯。這可不是卡通虛構的，事實上，菠菜含有胡蘿蔔素、葉酸、草酸、葉黃素、鈣、鐵、維生素B1、B2、C等營養成分，而且含有大量的抗氧化劑，具有抗衰老、促進細胞活絡、啟動大腦功能、增強活力的作用。

✚ 調味：

橄欖油1匙	
鹽1/2匙	

⭐ 做法：

1. 山藥切長塊，菠菜切段。
2. 起油鍋，先放入山藥，加水悶煮至熟爛。
3. 再放入菠菜拌炒，最後加入鹽調味即可。

CAI 營養分析：

熱量 大卡/100g	水份 g	蛋白質 g	脂肪 g	碳水 化合物g	水溶性 膳食纖維g	不溶性 膳食纖維g	維生素A RE	維生素C mg
82.60	680.05	27.65	21.80	107.35	12.55	28.90	3202.74	65.00
提供熱量 百分比		15.02%	26.65%	58.33%				

AMARANTH

莧菜吻魚

營養成分以鐵質和鈣質含量高
被視為可補血的菜種

♥ 材料：

莧菜500克

吻仔魚200克

✚ 調味：

橄欖油1匙

蒜2顆

鹽1/2匙

莧菜不但質地細嫩，易入口，而且營養成分很豐富，尤其以鐵質和鈣質含量高。紅莧菜又比綠莧菜的營養價值為高，尤其紅莧菜在民間，被視為可補血的菜種。這是因為莧菜葉裏含有高濃度賴氨酸，對兒童或青少年的生長發育，或是成年人的營養補充，都有很良好的作用。

⭐ 做法：

1. 莧菜切段，蒜剝皮切小塊。
2. 起油鍋，放入蒜爆香後，再放入莧菜、吻仔魚。
3. 翻炒均勻後，最後放入鹽調味即可。

CAI ▶ 營養分析：

熱量 大卡/100g	水份 g	蛋白質 g	脂肪 g	碳水 化合物g	水溶性 膳食纖維g	不溶性 膳食纖維g	維生素A RE	維生素C mg
40.00	647.70	28.60	17.20	6.50	3.00	11.00	1318.14	78.60
提供熱量 百分比		38.75%	52.44%	8.81%				

夏 SUMMER

炎炎夏日是容易使身體感到燥熱的季節，導致情緒上會有浮動、焦慮等
情形產生，讓日子過得一點都不「樂活」。此時爽口的開胃料理，不但
可以刺激食慾，補充人體因大量出汗而損失的水分和營養素，屬性清涼
的蔬果，還可以幫助身體降降火，解熱消暑。

LEMON

檸檬美白綠茶

造成酸味來源的檸檬酸
是促進熱量代謝過程中的必須參與物質

♥ 材料：

| 檸檬汁 50 CC |
| 多多 150 CC |
| 綠茶粉 1 匙 |

➕ 調味：

果糖 2 匙

檸檬含有多種營養成分，包括維生素B1、維生素B2、維生素C等等。而且，屬於鹼性的檸檬還含有豐富的有機酸、檸檬酸，具有很強的抗氧化作用。尤其是造成酸味來源的檸檬酸，是促進熱量代謝過程中的必參與物質，因此可以加速體內乳酸代謝，幫助體內脂肪和碳水化合物轉化成能量。

⭐ 做法：

取一杯子，將所有材料放入，攪拌均勻即可。

CAI 營養分析：

熱量 大卡/100g	水份 g	蛋白質 g	脂肪 g	碳水 化合物g	水溶性 膳食纖維g	不溶性 膳食纖維g	維生素A RE	維生素C mg
145.90	306.51	3.17	0.57	71.97	0.57	28.90	51.74	2.63
提供熱量 百分比		4.15%	1.68%	94.17%				

PINAPPLE

鳳梨夏威夷炒飯

含有高量的維生素C與B群
可以輕易補充在夏季流失的水溶性維生素

♥ 材料：

| 鳳梨100克 |
| 蘋果100克 |
| 火龍果100克 |
| 白飯1碗（約200克） |

 調味：

| 橄欖油1匙 |
| 番茄醬1匙 |
| 鹽1/2匙 |

酸酸的鳳梨不但開胃，而且能提供豐富的果糖、葡萄糖、檸檬酸、蛋白酶、鉀、錳和纖維質等等，更含有高量的維生素C與B群，可以補充容易在夏季流失的水溶性維生素。尤其是含量高的鳳梨酵素和纖維質，還可以幫助消化，舒緩便秘問題。

做法：

1. 鳳梨、蘋果、火龍果去皮切小丁。
2. 起油鍋，放入所有材料，拌炒均勻即可。

CAI 營養分析：

熱量 大卡/100g	水份 g	蛋白質 g	脂肪 g	碳水 化合物g	水溶性 膳食纖維g	不溶性 膳食纖維g	維生素A RE	維生素C mg
58.40	306.51	3.17	0.57	71.97	0.57	28.90	16.93	23.24
提供熱量 百分比		4.15%	1.68%	94.17%				

GRAPE

低糖葡萄果醬

葡萄多酚是很強的抗氧化物
可以維護心血管健康

♥ 材料：

葡萄10顆（約150克）
檸檬汁1匙（約5CC）
果凍粉1匙

➕ 調味：

麥芽糖2匙

葡萄除了含有高量的醣類，可以增強體力，恢復疲勞之外。還含有纖維質、有機酸，多種礦物質及維生素A、B1、B2、C等等。尤其特別的是，葡萄還含有最近很紅的葡萄多酚，是很強的抗氧化物，可以促進新陳代謝，還能維護心血管的健康。

做法：

1. 葡萄去皮切小塊。
2. 取一小鍋放入葡萄、檸檬汁、麥芽糖以小火加熱。
3. 熬煮至葡萄肉質成泥狀，最後加入果凍粉拌勻成粘稠狀即可。

營養分析：

熱量 大卡/100g	水份 g	蛋白質 g	脂肪 g	碳水 化合物g	水溶性 膳食纖維g	不溶性 膳食纖維g	維生素A RE	維生素C mg
156.00	176.23	1.43	0.44	62.02	0.59	1.38	0.51	19.09
提供熱量 百分比		2.22%	1.55%	96.24%				

MANGO

芒果咖哩雞柳

維生素c和β-胡蘿蔔素含量相當高
可以幫助消除眼睛乾澀

♥ 材料：

芒果200克	
雞柳150克	
洋蔥50克	
西洋芹50克	
水100CC	

➕ 調味：

橄欖油1匙
日式咖哩塊1/2塊

黃澄澄的芒果含有蛋白質、粗纖維及維生素A、B1、B2、C，還有礦物質鈣、磷、鐵、鈉等營養成分。尤其是芒果的維生素C和β-胡蘿蔔素含量相當高，可以幫助消除眼睛乾澀。只是這芒果滋味香甜，代表著糖分高，雖然可以補充能量，但熱量可也不低。

✴ 做法：

1. 芒果、雞柳切長條，洋蔥切絲，西洋芹切片。
2. 起油鍋，放入雞柳翻炒至表面變色。
3. 放入洋蔥、西洋芹、芒果拌炒。
4. 倒入水，煮滾後放入咖哩塊，以小火煮至咖哩塊完全化開即可。

CAL 營養分析：

熱量 大卡/100g	水份 g	蛋白質 g	脂肪 g	碳水 化合物g	水溶性 膳食纖維g	不溶性 膳食纖維g	維生素A RE	維生素C mg
73.40	386.19	36.99	15.91	28.86	3.19	6.54	729.33	51.18
提供熱量 百分比		36.39%	35.22%	28.39%				

WATERMELON

解渴蔬果汁 | 含有大量的水份及糖份
可以消暑解渴，利尿助消化，促進新陳代謝

❤ 材料：

| 西瓜肉50克 |
| 柳丁4顆（約720克） |
| 檸檬汁1匙（約5CC） |

➕ 調味：

蜂蜜1匙

水嫩多汁的西瓜除了擁有蛋白質、鈣、磷、鐵和多種維生素、茄紅素，還有人體必需的有機酸和氨基酸。更含有大量的水份及糖份，包括蔗糖、果糖和葡萄糖。不但可以補充水分，消暑解渴，還能利尿助消化，促進新陳代謝。

✦ 做法：

1. 西瓜、柳丁去皮去籽，切塊。
2. 將所有材料放入果汁機中打成汁，攪拌均勻即可。

▶ 營養分析：

熱量 大卡/100g	水份 g	蛋白質 g	脂肪 g	碳水 化合物g	水溶性 膳食纖維g	不溶性 膳食纖維g	維生素A RE	維生素C mg
50.60	736.00	6.54	1.68	97.70	3.82	17.28	63.35	293.56
提供熱量 百分比		6.05%	3.51%	90.44%				

彩椒香蕉魚片

富有維生素B以及鉀
可幫助抒緩神經系統，調節心跳，提升專注力

材料：

香蕉2條（約400克）	
鯛魚1片（約300克）	
彩椒100克	
洋蔥100克	

調味：

橄欖油1匙	
番茄醬1/2匙	
鹽1/2匙	
醋1/2匙	
地瓜粉1/2匙	

一般人普遍認為香蕉熱量高，這是因為香蕉含有三種天然糖份：蔗糖、果糖和葡萄糖，因此可以提升能量。其實，香蕉還含有高量的維生素B以及鉀，可幫助抒緩神經系統，調節心跳，提升專注力。香蕉的質地柔軟且富含纖維素，也很適合腸胃不好的人食用。

做法：

1. 香蕉切長條，鯛魚切長片，彩椒、洋蔥切小丁。
2. 將香蕉放至魚片上，將魚片捲起，並以牙籤固定。
3. 起油鍋，將魚片捲沾裹地瓜粉，放入鍋內煎。
4. 加入彩椒、洋蔥、番茄醬、鹽、醋，翻炒至均勻即可。

營養分析：

熱量 大卡/100g	水份 g	蛋白質 g	脂肪 g	碳水 化合物g	水溶性 膳食纖維g	不溶性 膳食纖維g	維生素A RE	維生素C mg
97.20	724.64	65.99	18.93	118.04	3.08	10.38	56.48	140.67
提供熱量 百分比		29.12%	18.80%	52.09%				

山蘇炒破布子

天然有機的健康野菜
具有利尿、預防高血壓、糖尿病的效果

NEST FERN

材料：

山蘇500克

破布子200克

小魚干100克

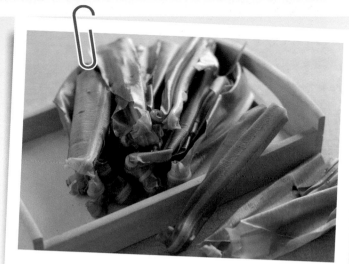

原本屬於觀賞植物的山蘇，近幾年被視為健康野菜，這是因為山蘇不僅脆嫩味美，含有維生素A、鈣、鉀、鐵質、膳食纖維，以及氮、磷、鎂、錳、銅、鋅等多種礦物質。更因為山蘇在栽培過程中不需要噴灑農藥，所以是天然有機的食材。

調味：

橄欖油1匙

鹽1/2匙

薑少許

 做法：

1. 山蘇切段，薑切細絲。
2. 起油鍋，把薑放入爆香，再放入山蘇、破布子、小魚乾。
3. 拌炒均勻後，最後放入鹽調味即可。

營養分析：

熱量 大卡/100g	水份 g	蛋白質 g	脂肪 g	碳水 化合物g	水溶性 膳食纖維g	不溶性 膳食纖維g	維生素A RE	維生素C mg
96.90	579.30	93.30	32.40	36.80	32.10	50.50	997.74	54.20
提供熱量 百分比		45.96%	35.91%	18.13%				

WAX GOURD

冬瓜燴手工丸子 | 屬於熱量低又健康的食材
具有利尿、祛濕、消腫和降低血壓的作用

材料：

冬瓜200克

絞肉200克

＋ 調味：

橄欖油1匙

太白粉1匙

白胡椒粉1/2匙

鹽1/2匙

薑少許

冬瓜的體積大，但是不含脂肪，不含糖分，含納量低，而且還含有蛋白質、糖，以及少量的鈣、磷、鐵等礦物質，和維生素B1、B2、C及尼克酸等等，是熱量低又健康的食材。在中醫上屬於良性的冬瓜，還具有利尿、祛濕、消腫和降低血壓的作用。

做法：

1. 冬瓜切塊，薑切片。
2. 將絞肉中加入太白粉，稍微拌勻，用手抓取絞肉成一顆顆丸狀。
3. 起油鍋，將肉丸放入鍋中，並不時翻滾，讓肉丸表面均勻受熱變色。
4. 再把冬瓜、薑、半碗水放入鍋中悶煮至冬瓜熟爛。
5. 起鍋前加入鹽、白胡椒粉調味即可。

CAI 營養分析：

熱量 大卡/100g	水份 g	蛋白質 g	脂肪 g	碳水 化合物g	水溶性 膳食纖維g	不溶性 膳食纖維g	維生素A RE	維生素C mg
202.39	300.64	31.43	74.64	13.27	1.01	2.20	9.01	52.29
提供熱量 百分比		14.78%	78.98%	6.24%				

梅汁苦瓜

雖然帶有微微的苦味
但可以保護心血管，有助降血壓及降膽固醇

BALSAM APPLE

被稱為白玉的苦瓜，雖然帶有微微的苦味，但除了含有豐富的鉀、葉酸與維生素C、B1，還含有生物類黃酮，可以保護心血管，有助降血壓及降膽固醇。還含有多肽–P，是一種類似胰島素的物質，具有降低血糖的作用。

♥ 材料：

紫蘇梅50克
苦瓜1條（約300克）
甘草100克

➕ 調味：

鹽少許

⛩ 做法：

1. 苦瓜切塊。
2. 取一鍋加入半碗水，煮沸後放入苦瓜、紫蘇梅和甘草。
3. 煮至苦瓜熟爛後，加入鹽調味，即可起鍋。

營養分析：

熱量 大卡/100g	水份 g	蛋白質 g	脂肪 g	碳水 化合物g	水溶性 膳食纖維g	不溶性 膳食纖維g	維生素A RE	維生素C mg
47.58	284.10	2.40	0.60	9.30	1.80	5.70	6.90	57.00
提供熱量 百分比		18.39%	10.35%	71.26%				

龍鬚菜米粉

帶有豐富的纖維素、葉綠素、維生素、礦物質
公認為具有涼血，及改善糖尿病、高血壓的功效

CHAYOTTE

♥ 材料：

龍鬚菜500克	
乾米粉400克	
蝦米100克	
香菇100克	
木耳100克	

➕ 調味：

橄欖油1匙	
醬油1/2匙	
鹽1/2匙	

龍鬚菜其實是佛手瓜的捲鬚嫩芽，不過營養價值和口感都比佛手瓜好很多。含有豐富的纖維素，多吃可以幫助消化，促進腸胃蠕動，預防便秘。還含有葉綠素、維生素A、B1、B2，以及鐵、鈣、碘等營養成份，在民間被認為具有涼血，及改善糖尿病、高血壓的功效。

做法：

1. 龍鬚菜切段，乾米粉以熱水泡軟，香菇切片，木耳切段。
2. 起一油鍋，放入蝦米爆香後，放入龍鬚菜、香菇、木耳、醬油、鹽拌炒。
3. 放入米粉，翻炒至均勻即可。

營養分析：

熱量 大卡/100g	水份 g	蛋白質 g	脂肪 g	碳水 化合物g	水溶性 膳食纖維g	不溶性 膳食纖維g	維生素A RE	維生素C mg
161.80	716.80	78.00	18.10	373.40	6.10	27.50	1939.14	40.20
提供熱量 百分比		15.85%	8.28%	75.88%				

秋 FALL

入秋之後的氣溫開始趨於緩和，早晚的寒氣也跟著越來越提升，這就是告訴我們，給身體進補的「收氣」時節又來到了。這個季節除了滋陰補血的褒湯可以暖和身子，因為早晚溫差變化大，很容易不小心就感冒、受寒，所以養肺潤喉的料理絕對是此時維持健康的大好幫手。

PAPAYA

優 格 水 果 木 瓜 盅 | 含有蛋白分解酵素、番瓜素
可以幫助消化，維持消化道機能的健康

● 材料：

| 木瓜半顆（約150克） |
| 奇異果1顆（約50克） |
| 火龍果1/4顆（約75克） |
| 芒果1/4顆（約100克） |
| 水果優格100CC |
| 牛奶30CC |

木瓜的果肉呈現出鮮豔的橘紅色，這是因為木瓜含有大量的β-胡蘿蔔素。這種抗氧化物，可以防止身體被遊離基破壞、老化。且含有高量維生素A，幫助維持視力的健康。更具有蛋白分解酵素、番瓜素，可以分化蛋白質和脂肪，幫助消化，以及維持消化道機能的健康。

 做法：

1. 木瓜、奇異果、火龍果、芒果去皮切小塊。
2. 取一小碗，放入優格、牛奶拌勻。
3. 將優格醬淋在水果上，或者用叉子取水果沾取優格醬食用皆可。

CAI 營養分析：

熱量 大卡/100g	水份 g	蛋白質 g	脂肪 g	碳水 化合物g	水溶性 膳食纖維g	不溶性 膳食纖維g	維生素A RE	維生素C mg
57.39	427.07	7.40	4.57	60.11	2.95	5.83	467.70	180.75
提供熱量 百分比		9.51%	13.22%	77.27%				

POMELO

爽喉香柚茶

有含量超高的維生素C
多吃可保持皮膚彈性，抑制黑色素形成

材料：

柚子1顆（約220克）

香柚醬1匙

水250ＣＣ

調味：

麥芽糖1匙

和橘子屬於同一個家族的柚子，具有含量超高的維生素C，多吃可保持皮膚彈性、抑制黑色素形成。果肉甚至含有類似胰島素的成分，對糖尿病患者來說，是一種可以放心攝取的水果。不過因為鉀離子含量高，對腎功能不佳的人來說，反而不宜多食。

做法：

1. 柚子去皮切塊。
2. 取一小鍋加入水，煮沸後將所有材料放入，攪拌均勻，待再次沸騰即可熄火。

CAI 營養分析：

熱量 大卡/100g	水份 g	蛋白質 g	脂肪 g	碳水 化合物g	水溶性 膳食纖維g	不溶性 膳食纖維g	維生素A RE	維生素C mg
77.58	207.24	1.42	0.54	51.12	0.78	2.84	0.66	114.85
提供熱量 百分比		2.64%	2.26%	95.10%				

LOTUS ROOT

檸香蓮藕

具有清熱解火、止血止瀉的功效
可以緩和現代人緊張的壓力、消除疲勞

❤ 材料：

蓮藕2節（約500克）

香菜100克

聖女番茄3顆（約45克）

芝麻 少許

➕ 調味：

檸檬汁1匙

橄欖油1/2匙

鹽少許

營養豐富的蓮藕，含有澱粉、蛋白質、維生素B1、B2、E、β-胡蘿蔔素、天門冬素、鈣、鐵、磷等營養成份。對於生活緊張或工作壓力大的人來說，可以幫忙緩和壓力、消除疲勞。不過在中國傳統的食療觀念中，蓮藕更具有清熱解火、止血止瀉的功效。

 做法：

1. 蓮藕切薄片，香菜切段。
2. 取一大碗，將藕片、香菜、番茄、檸檬汁、攪攬油、鹽放入，拌勻。
3. 最後撒上芝麻即可。

CAI 營養分析：

熱量 大卡/100g	水份 g	蛋白質 g	脂肪 g	碳水 化合物g	水溶性 膳食纖維g	不溶性 膳食纖維g	維生素A RE	維生素C mg
68.61	575.36	12.51	10.63	91.19	4.40	17.11	1365.02	315.98
提供熱量 百分比		9.80%	18.74%	71.46%				

柿子燉雞湯

甜甜的口感不僅糖分高，營養也相當豐富
尤其β-胡蘿蔔素和維生素A、C的含量超高

PERSIMMON

♥ 材料：

| 柿餅1塊（約100克） |
| 雞腿2隻（約500克） |
| 枸杞100克 |
| 紅棗6顆（約150克） |
| 水1000CC |

✚ 調味：

| 鹽少許 |
| 米酒少許 |

甜甜的柿子經過分析，有約十分之一都是蔗糖、葡萄糖和果糖，所以吃起來才會這麼香甜。但是柿子不僅糖分高，營養也相當豐富，尤其是富含β-胡蘿蔔素、維生素A、C，以及鉀、磷、鐵等礦物質。脆柿更同時具有水溶性與不溶性的纖維成分。

做法：

1. 柿餅切長條，雞腿切段。
2. 取一鍋加水煮至沸騰，放入雞腿後再煮至沸騰。
3. 放入柿餅、枸杞、紅棗、米酒以小火燉煮約1小時。
4. 最後加入鹽調味即可。

CAI 營養分析：

熱量 大卡/100g	水份 g	蛋白質 g	脂肪 g	碳水 化合物g	水溶性 膳食纖維g	不溶性 膳食纖維g	維生素A RE	維生素C mg
186.61	478.40	110.60	35.75	201.40	12.65	37.75	165.60	26.35
提供熱量 百分比		28.18%	20.50%	51.32%				

護嗓楊桃茶

含有三種有機酸和果膠、維生素
對於喉嚨氣管的問題有很大助益

STARFRUIT

♥ 材料：

楊桃2顆（約500克）

陳皮30克

洛神花60克

鳳梨1顆（約1000克）

水1000CC

水嫩的楊桃含有相當豐富的水分，甜甜的蔗糖、果糖、葡萄糖，三種有機酸：蘋果酸、檸檬酸、草酸，以及維生素A、B1、B2、C、K和果膠等等。不但可以幫助消化，解決宿便及便秘問題，對於喉嚨及氣管的問題，像是聲音沙啞、過敏咳嗽，都有很大的助益。

✚ 調味：

麥芽糖1匙

紅砂糖1匙

做法：

1. 楊桃、鳳梨切塊。
2. 取一小鍋加水，煮沸後放入楊桃、陳皮、洛神花、鳳梨。
3. 以小火熬煮約15分鐘，再放入麥芽糖、紅砂糖調味即可。

CAI 營養分析：

熱量 大卡/100g	水份 g	蛋白質 g	脂肪 g	碳水 化合物g	水溶性 膳食纖維g	不溶性 膳食纖維g	維生素A RE	維生素C mg
47.17	1323.55	13.00	3.00	179.45	7.00	19.50	57.50	220.63
提供熱量 百分比		6.53%	3.39%	90.09%				

酥香芋頭

粘質成分在吸收後會轉變成醛糖酸
能鬆弛緊繃的肌肉及血管

TARO

♥ 材料：

| 芋頭梗1條（約150克） |
| 芋頭1顆（約500克） |

✚ 調味：

| 橄欖油1匙 |
| 鹽少許 |
| 豆醬1/2匙 |

香軟的芋頭是一種根莖植物，富含豐富的醣類、蛋白質、鉀、鈣、磷、鋅、鐵、胡蘿蔔素、維生素A、B1、B2、C、礦物質等。尤其是鉀的含量特別高，可以幫助控制血壓。還有一種稱為粘質的成分，會在吸收後轉變成醛糖酸，能鬆弛緊繃的肌肉及血管。

 做法：

1. 芋頭梗、芋頭切小塊。
2. 起油鍋，放入芋頭梗、芋頭翻炒。
3. 最後加入鹽、豆醬調味即可。

CAI 營養分析：

熱量 大卡/100g	水份 g	蛋白質 g	脂肪 g	碳水 化合物g	水溶性 膳食纖維g	不溶性 膳食纖維g	維生素A RE	維生素C mg
1021.69	453.55	17.81	30.04	167.42	5.52	15.40	45.49	60.27
提供熱量 百分比		7.05%	26.74%	66.22%				

PEAR

順暢梨果汁

是解渴的天然食品
而且屬性平和，有清心潤肺的效果

材料：

梨子1顆（約250克）
蘋果1顆（約200克）
芭樂1顆（約350克）
番茄1顆（約200克）
檸檬汁1匙（約5CC）
水200CC

鮮嫩多汁的梨，含有蛋白質、脂肪、醣類、粗纖維、灰分、鈣、磷、鐵、胡蘿蔔素、維生素B1、維生素B2、維生素C等之外，還含有百分之八十五以上的水分，是解渴的天然食品。而且因為屬性平和，對於上呼吸到感染、喉嚨沙啞、久咳的人來說，有清心潤肺的效果。

➕ 調味：

蜂蜜1匙

做法：

1. 梨子、蘋果、芭樂、番茄切塊。
2. 將所有材料放入果汁機中打成汁，攪拌均勻即可。

CAI 營養分析：

熱量 大卡/100g	水份 g	蛋白質 g	脂肪 g	碳水化合物g	水溶性膳食纖維g	不溶性膳食纖維g	維生素A RE	維生素C mg
40.17	949.20	6.68	2.09	107.58	9.02	19.87	229.30	357.96
提供熱量百分比		5.61%	3.96%	90.43%				

南瓜牛肉湯

可預防攝護腺肥大
男性的優質天然營養補給

PUMPKIN

❤ 材料：

南瓜1/2顆（約950克）
牛里肌肉10片（約300克）
水1000CC

➕ 調味：

鹽少許
香菇精1匙

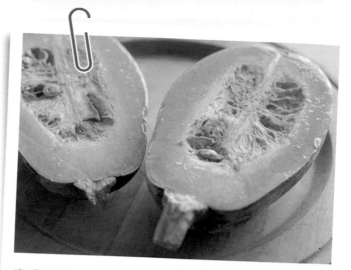

南瓜以澱粉為主要成分，甜甜的滋味就是來自於蔗糖和葡萄糖。黃黃的南瓜也含有胡蘿蔔素，可在被人體吸收後轉化為維生素A。還含有造血必需的微量元素鈷和鋅，還可預防攝護腺肥大，對小便不順暢的男性來說，南瓜是非常優質的天然營養補給。

 做法：

1. 南瓜切塊。
2. 取一鍋加水煮至沸騰，放入南瓜悶煮。
3. 至南瓜熟爛後，放入肉片。
4. 待再度沸騰後，放入鹽、香菇精拌勻，即可熄火。

CAI 營養分析：

熱量 大卡/100g	水份 g	蛋白質 g	脂肪 g	碳水 化合物g	水溶性 膳食纖維g	不溶性 膳食纖維g	維生素A RE	維生素C mg
139.96	934.85	57.90	115.00	129.20	5.70	16.15	8435.70	43.50
提供熱量 百分比		12.99%	58.04%	28.98%				

BURDOCK

牛蒡銀耳盅

公認為有增進體力的效果
富含可降低體內毒素的粗食物纖維

材料：

牛蒡1條（約500克）
木耳200克
蓮子100克
水1000CC

＋ 調味：

鹽少許
薑少許

長得像樹根的牛蒡，含有菊糖、牛蒡糖、寡糖、蛋白質、多種維生素，及人體所需的鈣、磷、鐵等礦物質。特有糖類的碳水化合物成分，被認為有增進體力的效果。除了富含可降低體內毒素的粗食物纖維，胡蘿蔔素和鈣質，也是在根莖類蔬菜中含量最高的。

做法：

1. 牛蒡切塊。
2. 取一鍋倒入水煮沸後，放入牛蒡、木耳、蓮子、薑燉煮。
3. 煮至牛蒡熟爛，最後放入鹽調味即可。

CAI 營養分析：

熱量 大卡/100g	水份 g	蛋白質 g	脂肪 g	碳水 化合物g	水溶性 膳食纖維g	不溶性 膳食纖維g	維生素A RE	維生素C mg
85.84	608.60	22.20	4.40	148.60	9.60	42.70	16.50	27.00
提供熱量 百分比		12.29%	5.48%	82.24%				

金 針 雞 柳

含有大量的醣類、蛋白質和纖維質
是具有滋補效果的上等食材

DAY LILY

● 材料：

金針100克

雞柳250克

蘆筍100克

＋ 調味：

橄欖油1匙

香油1/2匙

蠔油1/2匙

金針花其實就是萱草的花朵，花苞未開時為綠色，花朵全開後則為金黃色。含有大量的醣類、蛋白質和纖維質，被認為是「觀為花，食為菜、用為藥」，具有滋補效果的上等食材。更讓人意外的是，金針花富含的鐵質，可是菠菜的二十倍。

做法：

1. 雞柳切長條，蘆筍切段。
2. 起油鍋，放入雞柳翻炒至表面變色。
3. 放入金針、蘆筍翻炒。
4. 最後放入香油、蠔油調味，攪拌均勻後即可。

CAI 營養分析：

熱量 大卡/100g	水份 g	蛋白質 g	脂肪 g	碳水 化合物g	水溶性 膳食纖維g	不溶性 膳食纖維g	維生素A RE	維生素C mg
110.79	379.78	62.32	25.60	13.04	1.60	4.41	582.86	51.57
提供熱量 百分比		46.87%	43.32%	9.81%				

冬 WINTER

寒冬氣溫低，生理的代謝和機能也會減緩許多，在這樣的季節，身體更需要被仔細的呵護和對待。溫潤祛寒的料理可以幫助身體活血、禦寒和除濕，同時儲存能量並增強體質，改善怕冷、手腳冰冷的狀況。而營養素豐富的蔬果，還能維護冬季乾糙的肌膚，讓你依舊保持水噹噹的狀態。

柳香蒟蒻

維生素C的含量頗高
是養顏美白、抗衰老的水果聖品

ORANGE

❤ 材料：

柳丁2顆（約300克）
蒟蒻粉1匙

➕ 調味：

果糖少許

柳丁含有維生素A、B、C、磷、蘋果酸等，尤其是維生素C的含量頗高，不但能夠保護細胞，增強白血球的活性，還可以抗老化、加速傷口癒合，是養顏美白的水果聖品。而且富含膳食纖維，不只幫助消化，對於有便秘困擾的人來說，更可以增加順暢。

⭐ 做法：

1. 柳丁切對半，榨汁。
2. 取一小鍋，倒入柳丁汁、果糖加熱。
3. 煮至小滾後放入蒟蒻粉，攪拌均勻後即可熄火。
4. 趁熱倒入小碗或模型中，放入冰箱冷藏至凝結即可。

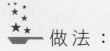 營養分析：

熱量 大卡/100g	水份 g	蛋白質 g	脂肪 g	碳水 化合物g	水溶性 膳食纖維g	不溶性 膳食纖維g	維生素A RE	維生素C mg
37.87	266.80	2.12	0.56	28.02	1.38	7.74	1.04	99.16
提供熱量 百分比		6.75%	4.01%	89.24%				

糖漬橘香茶

擁有一種名為枸櫞酸的物質
可以清除血管壁內膽固醇，對心血管的保養很有助益

♥ 材料：

橘子1顆（約200克）

金桔1顆（約15克）

水100CC

✚ 調味：

麥芽糖2匙

橘子除了含有維生素A、C、B群，與多種礦物質如鈉、鉀、鎂、鋅之外，還含有多種黃酮類化合物，而且許多成分還是天然的抗氧化劑。尤其一種名為枸櫞酸的物質，可以預防動脈硬化、降血脂、清除血管壁內膽固醇，對心血管的保養很有助益。

⟡ 做法：

1. 橘子去皮切塊。
2. 取玻璃罐放入橘子、麥芽糖，封罐後放入冰箱冷藏12小時。
3. 取一杯子，挖取一匙橘醬，再加入水、金桔，攪拌均勻即可

CAI 營養分析：

熱量 大卡/100g	水份 g	蛋白質 g	脂肪 g	碳水 化合物g	水溶性 膳食纖維g	不溶性 膳食纖維g	維生素A RE	維生素C mg
86.84	198.25	1.11	0.43	57.67	0.88	3.73	136.66	67.96
提供熱量 百分比		1.85%	1.62%	96.53%				

APPLE

蘋果捲餅

有很多很多植物纖維
消化不順時，可以吃蘋果幫助改善

材料：

蘋果150克	
松子100克	
小黃瓜1條（約60克）	
洋蔥1/2顆（約100克）	
墨西哥麵皮1片（約20克）	

有句話說「一天一蘋果，醫生遠離我」，是因為蘋果富含多種營養，對人體有益。包括維生素C、維生素E和β-胡蘿蔔素，可以降低體內不好的膽固醇。而且許多人都知道，當消化不順時，可以吃蘋果幫助改善。但其實蘋果還含有一種類黃酮槲皮素，具有護肺和抗癌的功效。

➕ 調味：

美乃滋1匙

做法：

1. 將蘋果、小黃瓜切細條，洋蔥切細絲。
2. 把麵皮攤平，塗上美乃滋，放上蘋果條、小黃瓜條、洋蔥絲。
3. 最後撒上松子，把麵皮捲起即可

CAI 營養分析：

熱量 大卡/100g	水份 g	蛋白質 g	脂肪 g	碳水 化合物g	水溶性 膳食纖維g	不溶性 膳食纖維g	維生素A RE	維生素C mg
239.66	272.99	21.09	86.08	85.04	3.43	20.96	13.68	12.84
提供熱量 百分比		7.04%	64.60%	28.37%				

GUAVA

高 C 芭樂飲

熱量低、纖維量高的減肥聖品
食用後能提供強烈的飽足感

◉ 材料：

> 芭樂1/2顆（約175克）
> 鳳梨1/6顆（約200克）
> 奇異果1顆（約50克）
> 水200CC

芭樂因為熱量低、纖維量高，在食用後會有強烈的飽足感，因此一直被認為是絕佳的減肥食品之一。其實芭樂含有蛋白質、脂肪、醣類、維他命A、B、C，鈣、磷、鐵等等，尤其維生素C和鈣的含量，更在水果排名中算是數一數二的。

➕ 調味：

> 蜂蜜2匙

 做法：

1. 將芭樂、鳳梨、奇異果去皮切塊。
2. 把所有材料放入果汁機中打成汁，攪拌均勻即可。

CAI 營養分析：

熱量 大卡/100g	水份 g	蛋白質 g	脂肪 g	碳水 化合物g	水溶性 膳食纖維g	不溶性 膳食纖維g	維生素A RE	維生素C mg
66.29	380.30	3.84	0.77	78.44	4.00	9.25	44.80	204.39
提供熱量 百分比		4.58%	2.06%	93.37%				

潤喉金桔汁

酸甜滋味可以生津止渴，開胃助消化
感冒時的抗炎、去痰、抗潰瘍、健脾胃的好幫手

KUMQUAT

♥ 材料：

金桔8顆（約120克）	
澎大海2顆（約50克）	
枸杞少許（約20克）	
紅棗3顆（約75克）	
黃耆2片（約15克）	
水1000CC	

➕ 調味：

蜂蜜1匙

過年時節代表吉利的金桔，酸酸甜甜的滋味可以生津止渴，開胃助消化。因為含有豐富的維他命C和多種氨基酸，具有抗炎、去痰、抗潰瘍的功效。加上果皮還被認為可以化痰、利氣、健脾胃，因而在食用保健上，大多被認為是預防感冒和對抗感冒徵狀的好幫手。

 做法：

1. 金桔切對半。
2. 取一小鍋將水煮沸，放入金桔、澎大海、枸杞、紅棗、黃耆，以小火熬煮約20分鐘。
3. 最後加入蜂蜜調味即可。

CAI 營養分析：

熱量 大卡/100g	水份 g	蛋白質 g	脂肪 g	碳水 化合物g	水溶性 膳食纖維g	不溶性 膳食纖維g	維生素A RE	維生素C mg
129.70	140.08	3.26	0.49	69.50	2.18	8.42	26.04	46.92
提供熱量 百分比		4.42%	1.48%	94.10%				

LIMA BEAN

皇帝豆蓮角燉湯

含有特多的植物蛋白、維生素、礦物質
尤其鋅的含量高，具有健腦的功效

材料：

皇帝豆150克
蓮角100克
排骨250克
紅蘿蔔50克
水1000CC

+ 調味：

鹽少許
米酒1匙

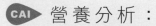 做法：

1. 紅蘿蔔切片。
2. 取一鍋子加水，煮至沸騰後放入排骨。
3. 待再度沸騰後，放入皇帝豆、蓮角、紅蘿蔔、米酒，以小火熬煮約一小時。
4. 最後加入鹽調味，即可熄火起鍋。

俗稱蠶豆的皇帝豆不只體積大，還含有特多的植物蛋白和豐富的維生素與礦物質。尤其鐵質的含量更是豆類中最高的，因此具有造血、補血的效用。鋅的含量也很豐富，因為具有健腦的功效，因此相當適合發育中的兒童或青少年食用。

CAI 營養分析：

熱量 大卡/100g	水份 g	蛋白質 g	脂肪 g	碳水 化合物g	水溶性 膳食纖維g	不溶性 膳食纖維g	維生素A RE	維生素C mg
156.99	397.80	60.75	48.65	44.95	3.25	10.85	5050.95	48.50
提供熱量 百分比		28.23%	50.87%	20.89%				

一口茄中豆

有蔬菜中含量最高的維生素P
可以增加血管的彈性，降低血壓和膽固醇

AUBERGINE

材料：

茄子3條（約300克）
長豆5根（約150克）
九層塔100克

＋ 調味：

橄欖油1匙
醬油膏1匙
香油1/2匙

紫色的茄子不只含有常見的維生素A、B1、B2、C等等，還含有蔬菜中含量最高的維生素P。維生素P這種物質可以增加血管的彈性，防止血管硬化，還可以降低血壓和膽固醇。而且茄子還含有特殊的龍葵素，能抑制消化系統的腫瘤，是非常適合癌症病人食用的蔬菜。

做法：

1. 茄子、長豆切段，將長豆穿過茄子中間。
2. 起油鍋，將茄段放入，並均勻翻滾，使各面受熱均勻。
3. 放入九層塔，淋上醬油膏和香油，稍微拌勻即可。

CAI 營養分析：

熱量 大卡/100g	水份 g	蛋白質 g	脂肪 g	碳水 化合物g	水溶性 膳食纖維g	不溶性 膳食纖維g	維生素A RE	維生素C mg
55.53	514.90	11.08	21.84	24.72	5.10	14.50	1332.69	62.00
提供熱量 百分比		13.05%	57.85%	29.10%				

韭香河粉卷

具有揮發性的硫代丙烯
可以刺激食慾，驅除消化道內壞菌

LEEK

韭菜的味道濃鬱，是來自於其揮發性的硫代丙烯，這帶有辛香的味道，卻是具有刺激食慾，降低血脂，驅除消化道內壞菌的效果。並含有豐富的維他命C、胡蘿蔔素、維他命B1、B2、鐵、葉綠素等等，可以幫助恢復體力，增進活力，在古代更有「起陽草」之名。

♥ 材料：

河粉皮4片（約800克）
豆干2片（約50克）
韭菜花250克
蝦子150克

✚ 調味：

鹽1/2匙
白胡椒粉1/2匙
甜辣醬1/2匙

做法：

1. 豆乾切細條，韭菜花切段。
2. 準備一鍋滾水，將豆干、韭菜花、蝦仁過水川燙至熟。
3. 將河粉皮攤平，放上豆干、韭菜花、蝦仁後，把河粉皮捲起來。
4. 另取一小碗，把鹽、白胡椒粉、甜辣醬放入拌勻，即成沾醬。

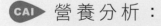 營養分析：

熱量 大卡/100g	水份 g	蛋白質 g	脂肪 g	碳水 化合物g	水溶性 膳食纖維g	不溶性 膳食纖維g	維生素A RE	維生素C mg
200.63	438.02	52.85	28.83	286.65	3.74	8.09	1252.75	49.95
提供熱量 百分比		13.07%	16.04%	70.89%				

健康白菜捲

可以補足冬天容易缺乏的營養素和纖維素
平抑因進補過多而造成的體質躁熱

CABBAGE

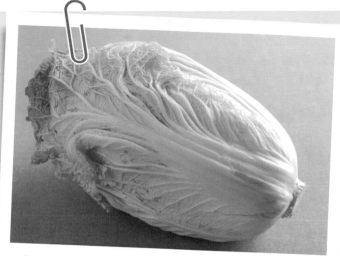

一顆大大的結球白菜，富含胡蘿蔔素、B群維生素、維生素C、鈣、磷、鐵等營養素，還擁有最豐富的植物纖維，可以幫助健胃整腸。在冬天吃白菜，不但可以補足營養素和纖維素，而且因為白菜屬於寒性的食物，若是冬天吃補吃過頭，讓身體過於躁熱時，多吃白菜也有很好的平抑作用。

❤ 材料：

白菜4片（約100克）
蝦仁100克
豬絞肉200克

➕ 調味：

鹽1/2匙
辣豆瓣醬1/2匙
醋1/4匙
糖1/4匙

做法：

1. 將蝦仁剁碎。
2. 取一大碗，將蝦仁與絞肉、鹽混合攪拌均勻。
3. 煮一鍋沸水，將白菜放入燙至熟軟後，撈起瀝乾。
4. 把白菜葉攤平，在葉片中央放上絞肉泥，把葉片捲起。
5. 放入蒸鍋中以大火蒸約10分鐘，即可取出。
6. 從盤中倒出肉汁於小鍋中，加入辣豆瓣醬、醋、糖，再淋至菜捲上。

CAI 營養分析：

熱量 大卡/100g	水份 g	蛋白質 g	脂肪 g	碳水化合物g	水溶性膳食纖維g	不溶性膳食纖維g	維生素A RE	維生素C mg
188.43	292.55	45.24	62.55	5.43	0.73	1.63	24.30	23.03
提供熱量百分比		23.63%	73.53%	2.84%				

普羅旺斯烤魚

愈紅的番茄所含的茄紅素愈多
幫助消滅人體內的遊離自由基和抑制腫瘤擴散

TOMATO

♥ 材料：

| 白鮪魚1片（約300克） |
| 酸豆50克 |
| 洋蔥100克 |
| 番茄100克 |

✚ 調味：

| 橄欖油1匙 |
| 番茄醬1匙 |
| 鹽1/2匙 |
| 醋1/2匙 |
| 糖1/4匙 |
| 綜合香料粉1/2匙 |

番茄有黃色、綠色、橘色等等，但是愈紅的番茄愈好，因為茄紅素含量愈多。茄紅素不但能夠消滅人體內的遊離自由基，還有防癌和抑制腫瘤擴散的效果。要想攝取茄紅素，不能直接生吃，因為生吃只能吸收果肉中的維生素C，只有透過加熱才能攝取到茄紅素。

做法：

1. 將洋蔥、番茄切小丁。
2. 把魚片兩面塗上橄欖油，放置烤盤上。
3. 把酸豆、洋蔥丁、番茄丁均勻放在魚片上。
4. 將番茄醬、鹽、醋、糖混合均勻，淋在魚片上。
5. 在烤盤上覆蓋鋁箔紙，放入烤箱以150℃烤約30分鐘。
6. 上桌前撒上香料粉即可。

CAI 營養分析：

熱量 大卡/100g	水份 g	蛋白質 g	脂肪 g	碳水 化合物g	水溶性 膳食纖維g	不溶性 膳食纖維g	維生素A RE	維生素C mg
93.08	414.32	73.81	13.91	19.77	1.19	2.98	107.71	34.74
提供熱量 百分比		59.10%	25.07%	15.83%				

把健康吃進肚子 道輕食料理easy做

作　　者：大都會文化編輯部
攝　　影：周禎和

發 行 人：林敬彬
主　　編：楊安瑜
統籌編輯：蔡穎如
執行編輯：王佩賢
美術編輯：玉馬門創意設計
封面設計：玉馬門創意設計

出　　版：大都會文化　行政院新聞局北市業字第89號
發　　行：大都會文化事業有限公司
　　　　　110台北市信義區基隆路一段432號4樓之9
讀者服務專線：（02）27235216
讀者服務傳真：（02）27235220
電子郵件信箱：metro@ms21.hinet.net
大都會網　址：www.metrobook.com.tw

郵政劃撥：14050529　大都會文化事業有限公司
出版日期：2008年8月初版
定　　價：250元

I S B N：978-986-6846-45-8
書　　號：DIY-007

First published in Taiwan in 2008 by Metropolitan Culture Enterprise Co., Ltd.

4F-9, Double Hero Bldg., 432, Keelung Rd., Sec. 1, Taipei 110, Taiwan
Tel:+886-2-2723-5216　Fax:+886-2-2723-5220
E-mail:metro@ms21.hinet.net
Web-site:www.metrobook.com.tw

國家圖書館出版品預行編目資料

把健康吃進肚子：40道輕食料理easy做/ 大都會文化編輯部 著.
--初版.--臺北市: 大都會文化, 2008.08
　　面；　公分. --（Diy；7）

ISBN 978-986-6846-45-8(平裝)

1.食譜

427.1　　　　　　　　　　　　　　　　97013554

全台 Hito
人氣美食大匯集

讓你輕鬆在家，樂食兼樂活
獨家料理步驟、撇步大公開

DIY系列1-6集

讓路邊攤的人氣美食，變成你家的幸福味道…

《路邊攤美食DIY》

《嚴選台灣小吃DIY》

《路邊攤超人氣小吃DIY》

《路邊攤紅不讓美食DIY》

《路邊攤流行冰品DIY》

《路邊攤排隊美食DIY》

全彩印刷　每本定價：220元

＊感謝河岸森林農莊＆凱莉廚房，在製作期間提供攝影場地，贊助食材和料理製作。

河岸森林農莊

坐擁大自然享受美食，同時遠眺石門水庫、崁津大橋和大漢溪等好山好水，6000坪的河岸森林農莊提供給忙碌的您，一處恍若森林城堡的休閒度假、放鬆身心靈好地方。

位於大溪鎮，往石門水庫方向台三、四共線31.5公里處，一處多棟的獨特歐式建築農莊。彷彿「世外桃源」的園區有許多原生老樹和花卉等植被，並設有凱莉廚房、嘉潔民宿和森林喜宴廳等等。當中的凱莉廚房以提供無國界料理著稱，歐風鄉村佳餚或台灣本土媽媽的拿手好菜均受蒞臨的遊客喜愛。

平日營業時間
周一至周五：10:00am ~ 21:00pm
用餐時間：11:30~19:30（含下午茶時間）

假日營業時間
周六及周日：10:00am ~ 21:00pm
用餐時間：11:30~14:30、17:00~19:30
下午茶時間：14:30~17:00

電話： (03)387-0300　地址： 桃園縣大溪鎮瑞安路二段150號

大都會文化圖書目錄

●度小月系列

路邊攤賺大錢【搶錢篇】	280 元	路邊攤賺大錢 2【奇蹟篇】	280 元
路邊攤賺大錢 3【致富篇】	280 元	路邊攤賺大錢 4【飾品配件篇】	280 元
路邊攤賺大錢 5【清涼美食篇】	280 元	路邊攤賺大錢 6【異國美食篇】	280 元
路邊攤賺大錢 7【元氣早餐篇】	280 元	路邊攤賺大錢 8【養生進補篇】	280 元
路邊攤賺大錢 9【加盟篇】	280 元	路邊攤賺大錢 10【中部搶錢篇】	280 元
路邊攤賺大錢 11【賺翻篇】	280 元	路邊攤賺大錢 12【大排長龍篇】	280 元

● DIY 系列

路邊攤美食 DIY	220 元	嚴選台灣小吃 DIY	220 元
路邊攤超人氣小吃 DIY	220 元	路邊攤紅不讓美食 DIY	220 元
路邊攤流行冰品 DIY	220 元	路邊攤排隊美食 DIY	220 元
把健康吃進肚子—40 道輕食料理 easy 做	250 元		

●流行瘋系列

跟著偶像 FUN 韓假	260 元	女人百分百—男人心中的最愛	180 元
哈利波特魔法學院	160 元	韓式愛美大作戰	240 元
下一個偶像就是你	180 元	芙蓉美人泡澡術	220 元
Men 力四射—型男教戰手冊	250 元	男體使用手冊－35 歲⁺♂保健之道	250 元
想分手？這樣做就對了！	180 元		

●生活大師系列

遠離過敏— 　　打造健康的居家環境	280 元	這樣泡澡最健康— 　　紓壓・排毒・瘦身三部曲	220 元
兩岸用語快譯通	220 元	台灣珍奇廟—發財開運祈福路	280 元
魅力野溪溫泉大發見	260 元	寵愛你的肌膚—從手工香皂開始	260 元
舞動燭光—手工蠟燭的綺麗世界	280 元	空間也需要好味道— 　　打造天然香氛的 68 個妙招	260 元
雞尾酒的微醺世界— 　　調出你的私房 Lounge Bar 風情	250 元	野外泡湯趣—魅力野溪溫泉大發見	260 元
肌膚也需要放輕鬆— 　　徜徉天然風的 43 項舒壓體驗	260 元	辦公室也能做瑜珈— 　　上班族的紓壓活力操	220 元

別再說妳不懂車— 　男人不教的 Know How	249 元	一國兩字—兩岸用語快譯通	200 元
宅典	288 元	超省錢浪漫婚禮	250 元

●寵物當家系列

Smart 養狗寶典	380 元	Smart 養貓寶典	380 元
貓咪玩具魔法 DIY— 　讓牠快樂起舞的 55 種方法	220 元	愛犬造型魔法書—讓你的寶貝漂亮一下	260 元
漂亮寶貝在你家—寵物流行精品 DIY	220 元	我的陽光 ・ 我的寶貝—寵物真情物語	220 元
我家有隻麝香豬—養豬完全攻略	220 元	SMART 養狗寶典（平裝版）	250 元
生肖星座招財狗	200 元	SMART 養貓寶典（平裝版）	250 元
SMART 養兔寶典	280 元	熱帶魚寶典	350 元
Good Dog—聰明飼主的愛犬訓練手冊	250 元		

●人物誌系列

現代灰姑娘	199 元	黛安娜傳	360 元
船上的 365 天	360 元	優雅與狂野—威廉王子	260 元
走出城堡的王子	160 元	殞逝的英格蘭玫瑰	260 元
貝克漢與維多利亞—新皇族的真實人生	280 元	幸運的孩子—布希王朝的真實故事	250 元
瑪丹娜—流行天后的真實畫像	280 元	紅塵歲月—三毛的生命戀歌	250 元
風華再現—金庸傳	260 元	俠骨柔情—古龍的今生今世	250 元
她從海上來—張愛玲情愛傳奇	250 元	從間諜到總統—普丁傳奇	250 元
脫下斗篷的哈利—丹尼爾 ・ 雷德克里夫	220 元	蛻變—章子怡的成長紀實	260 元
強尼戴普— 　可以狂放叛逆，也可以柔情感性	280 元	棋聖　吳清源	280 元
華人十大富豪—他們背後的故事	250 元	世界十大富豪—他們背後的故事	250 元

●心靈特區系列

每一片刻都是重生	220 元	給大腦洗個澡	220 元
成功方與圓—改變一生的處世智慧	220 元	轉個彎路更寬	199 元
課本上學不到的 33 條人生經驗	149 元	絕對管用的 38 條職場致勝法則	149 元
從窮人進化到富人的 29 條處事智慧	149 元	成長三部曲	299 元
心態—成功的人就是和你不一樣	180 元	當成功遇見你—迎向陽光的信心與勇氣	180 元
改變，做對的事	180 元	智慧沙	199 元（原價 300 元）
課堂上學不到的 100 條人生經驗	199 元 （原價 300 元）	不可不防的 13 種人	199 元（原價 300 元）

不可不知的職場叢林法則	199 元（原價 300 元）	打開心裡的門窗	200 元
不可不慎的面子問題	199 元（原價 300 元）	交心—別讓誤會成為拓展人脈的絆腳石	199 元
方圓道	199 元	12 天改變一生	199 元（原價 280 元）
氣度決定寬度	220 元	轉念—扭轉逆境的智慧	220 元
氣度決定寬度 2	220 元	逆轉勝—發現在逆境中成長的智慧	199 元（原價 300 元）

● SUCCESS 系列

七大狂銷戰略	220 元	打造一整年的好業績—店面經營的 72 堂課	200 元
超級記憶術—改變一生的學習方式	199 元	管理的鋼盔—商戰存活與突圍的 25 個必勝錦囊	200 元
搞什麼行銷— 152 個商戰關鍵報告	220 元	精明人聰明人明白人—態度決定你的成敗	200 元
人脈 = 錢脈—改變一生的人際關係經營術	180 元	週一清晨的領導課	160 元
搶救貧窮大作戰の 48 條絕對法則	220 元	搜驚 · 搜精 · 搜金 —從 Google 的致富傳奇中，你學到了什麼？	199 元
絕對中國製造的 58 個管理智慧	200 元	客人在哪裡？—決定你業績倍增的關鍵細節	200 元
殺出紅海—漂亮勝出的 104 個商戰奇謀	220 元	商戰奇謀 36 計—現代企業生存寶典 I	180 元
商戰奇謀 36 計—現代企業生存寶典 II	180 元	商戰奇謀 36 計—現代企業生存寶典 III	180 元
幸福家庭的理財計畫	250 元	巨賈定律—商戰奇謀 36 計	498 元
有錢真好！輕鬆理財的 10 種態度	200 元	創意決定優勢	180 元
我在華爾街的日子	220 元	贏在關係—勇闖職場的人際關係經營術	180 元
買單！一次就搞定的談判技巧	199 元（原價 300 元）	你在說什麼？—39 歲前一定要學會的 66 種溝通技巧	220 元
與失敗有約 —13 張讓你遠離成功的入場券	220 元	職場 AQ —激化你的工作 DNA	220 元
智取—商場上一定要知道的 55 件事	220 元	鏢局—現代企業的江湖式生存	220 元
到中國開店正夯《餐飲休閒篇》	250 元	勝出！—抓住富人的 58 個黃金錦囊	220 元
搶賺人民幣的金雞母	250 元	創造價值—讓自己升值的 13 個秘訣	220 元
李嘉誠談做人做事做生意	250 元		

●都會健康館系列

秋養生—二十四節氣養生經	220 元	春養生—二十四節氣養生經	220 元
夏養生—二十四節氣養生經	220 元	冬養生—二十四節氣養生經	220 元

春夏秋冬養生套書	699 元（原價 880 元）	寒天—0 卡路里的健康瘦身新主張	200 元
地中海纖體美人湯飲	220 元	居家急救百科	399 元（原價 550 元）
病由心生—365 天的健康生活方式	220 元	輕盈食尚—健康腸道的排毒食方	220 元
樂活，慢活，愛生活— 　健康原味生活 501 種方式	250 元	24 節氣養生食方	250 元
24 節氣養生藥方	250 元	元氣生活—日的舒暢活力	180 元
元氣生活—夜的平靜作息	180 元	自療—馬悅凌教你管好自己的健康	250 元

●大都會休閒館

賭城大贏家—逢賭必勝祕訣大揭露	240 元	旅遊達人— 　行遍天下的 109 個 Do & Don't	250 元
萬國旗之旅—輕鬆成為世界通	240 元		

●世界風華館

環球國家地理 · 歐洲（黃金典藏版）	250 元	環球國家地理 · 亞洲 · 大洋洲 （黃金典藏版）	250 元

● FOCUS 系列

中國誠信報告	250 元	中國誠信的背後	250 元
誠信—中國誠信報告	250 元	龍行天下—中國製造未來十年新格局	250 元

◎關於買書：
1. 大都會文化的圖書在全國各書店及誠品、金石堂、何嘉仁、搜主義、敦煌、紀伊國屋、諾貝爾等
　連鎖書店均有販售，如欲購買本公司出版品，建議你直接洽詢書店服務人員以節省您寶貴時間，
　如果書店已售完，請撥本公司各區經銷商服務專線洽詢。
　北部地區：(02)85124067　桃竹苗地區：(03)2128000　中彰投地區：(04)27081282
　雲嘉地區：(05)2354380　臺南地區：(06)2642655　高屏地區：(07)3730079
2. 到以下各網路書店購買：
　大都會文化網站（ http://www.metrobook.com.tw）
　博客來網路書店（ http://www.books.com.tw）
　金石堂網路書店（ http://www.kingstone.com.tw）
3. 到郵局劃撥：
　戶名：大都會文化事業有限公司　帳號：14050529
4. 親赴大都會文化買書可享 8 折優惠。

大都會文化

把健康吃進肚子 **40** 道輕食料理easy做

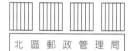
大都會文化事業有限公司
讀者服務部收
110台北市基隆路一段432號4樓之9

寄回這張服務卡(免貼郵票)
您可以：
◎不定期收到最新出版訊息
◎參加各項回饋優惠活動

大都會文化 讀者服務卡

書名：把健康吃進肚子 40 道輕食料理easy做

A. 您在何時購得本書：＿＿＿＿年＿＿＿＿月＿＿＿＿日

B. 您在何處購得本書：＿＿＿＿＿＿＿＿＿＿書店，位於＿＿＿＿＿＿＿＿＿＿(市、縣)

C. 您購買本書的動機：（可複選）1.□對主題或內容感興趣 2.□工作需要 3.□生活需要 4.□自我進修 5.□內容為流行熱門話題

　　6.□其他＿＿＿＿＿＿＿＿＿＿＿＿＿＿＿＿＿＿

D. 您最喜歡本書的：（可複選）1.□內容題材 2.□字體大小 3.□翻譯文筆 4.□封面 5.□編排方式 6.□其他＿＿＿＿＿＿＿

E. 您認為本書的封面：1.□非常出色 2.□普通 3.□毫不起眼 4.□其他＿＿＿＿＿＿＿＿＿＿

F. 您認為本書的編排：1.□非常出色 2.□普通 3.□毫不起眼 4.□其他＿＿＿＿＿＿＿＿＿＿

G. 您希望我們出版哪類書籍：（可複選）1.□旅遊 2.□流行文化 3.□生活休閒 4.□美容保養 5.□散文小品 6.□科學新知

7.□藝術音樂 8.□致富理財 9.□工商企管 10.□科幻推理 11.□史哲類 12.□勵志傳記 13.□電影小説 14.□語言學習（＿＿＿語）15.□幽默諧趣

16.□其他＿＿＿

H. 您對本書(系)的建議：＿＿＿＿＿＿＿＿＿＿＿＿＿＿＿＿＿＿＿＿＿＿＿＿＿＿＿＿＿＿＿＿＿＿＿＿

＿＿

I. 您對本出版社的建議：＿＿＿＿＿＿＿＿＿＿＿＿＿＿＿＿＿＿＿＿＿＿＿＿＿＿＿＿＿＿＿＿＿＿＿

讀者小檔案

姓名：＿＿＿＿＿＿＿＿＿＿＿＿　　　性別：□男 □女　　生日：＿＿＿＿年＿＿＿＿月＿＿＿＿日

年齡：□20歲以下 □21 30歲 □31 40歲 □41 50歲 □51歲以上

職業：1.□學生 2.□軍公教 3.□大眾傳播 4.□服務業 5.□金融業 6.□製造業 7.□資訊業 8.□自由業 9.□家管 10.□退休

　　　11.□其他＿＿＿＿＿＿＿＿＿＿＿＿＿＿＿＿＿＿＿＿＿＿＿　＿＿＿＿＿＿＿＿＿＿＿＿＿＿＿

學歷：□國小或以下 □國中 □高中／高職 □大學／大專 □研究所以上

通訊地址：＿＿

電話：（Ｈ）＿＿＿＿＿＿＿＿＿＿＿＿　（Ｏ）＿＿＿＿＿＿＿＿＿＿＿　傳真：＿＿＿＿＿＿＿＿＿＿＿＿＿

行動電話：＿＿＿＿＿＿＿＿＿＿＿＿＿　E-Mail：＿＿＿＿＿＿＿＿＿＿＿＿＿＿＿＿＿＿＿＿